高等院校艺术学门类『十四五』系列教材

观建筑设计

GUAN JIANZHU SHEJI

编　段丽娟

主编　张路实　刘佳辉

参编　付国花　王　力　吴　苗　蔡　静

陈　丽　王植芳　黄思源　王羽薇

张　菁

华中科技大学出版社
http://press.hust.edu.cn
中国·武汉

U0193681

图书在版编目（CIP）数据

景观建筑设计 / 段丽娟主编 . -- 武汉 : 华中科技大学出版社，2025. 1. -- ISBN 978-7-5772-1617-1

Ⅰ . TU983

中国国家版本馆 CIP 数据核字第 2025RF5637 号

景观建筑设计　　　　　　　　　　　　　　　　　　　　　　　　　　　　段丽娟　　主编

Jingguan Jianzhu Sheji

策划编辑 : 袁　冲

责任编辑 : 段亚萍

封面设计 : 孢　子

责任监印 : 朱　玢

出版发行 : 华中科技大学出版社（中国·武汉）　　　　　电话 :(027)81321913

　　　　　武汉市东湖新技术开发区华工科技园　　　　　邮编 :430223

录　　排 : 武汉创易图文工作室

印　　刷 : 武汉科源印刷设计有限公司

开　　本 :889 mm×1194 mm　　1/16

印　　张 :13.75

字　　数 :401 千字

版　　次 :2025 年 1 月第 1 版第 1 次印刷

定　　价 :49.00 元

前言
Preface

  景观建筑设计以建筑、园林、规划为理论基础，探索多学科交叉的设计领域。本书本着"古为今用、洋为中用"的原则，着重介绍景观建筑设计基础知识，使读者掌握功能分区的手法，能妥善组织建筑的空间，提高建筑设计能力，养成科学严谨、实事求是的作风，理解建筑设计技法，体味建筑艺术和文化之美。

  本书分为五章：第一章介绍景观建筑的相关概念及景观建筑设计的学习方法；第二章介绍风景园林和建筑的基础知识、建筑结构及其适用类型、建筑材料；第三章系统地介绍建筑设计技法，包括建筑的功能与空间的关系、空间组合的形式与功能、建筑的空间与结构、形式美的规律、内部空间的处理和外部体形的处理以及建筑群体组合的处理；第四章讲述景观建筑设计流程，包括景观建筑设计概述、方案设计的方法与任务分析、方案的构思与选择、方案的调整与深入及方案的表达；第五章介绍典型景观建筑设计，包括亭、廊与花架、园门、茶室以及厕所。

  本书内容全面、系统性强，理论结合实践，按照专业人才培养目标和对应职业岗位实际工作任务所需要的能力、知识、素质，结合编者多年的教学工作实践经验，吸取国内外最新的研究成果，加以研究探索，逐步整理、编写而成。在编写的过程中，编者参考了国内外有关著作、论文，在此谨向有关作者深表谢意。感谢以下项目的支持：武汉设计工程学院校级科研课题"线性文化遗产视野下武汉市昙华林历史文化街区景观改造研究"（K202008）和"基于'城市双修'视角下的武汉都市型绿道规划设计研究"（K202007）、湖北省教育厅科研课题"城市微更新理念下口袋公园设计探究"（B2021370）、校级教改课题"数字化景观技术下的风景园林规划设计课程教学模式探索与实践"（2021JY101）。

  本书可作为高等院校建筑学、风景园林、园林、环境艺术、城乡规划设计、园林工程、园林建筑等相关专业的教材，也可作为相关从业人员的参考书或培训用书。

  由于编者水平有限，书中难免有不足之处，还需要在教学实践中不断改进、完善，恳请广大读者在使用过程中提出宝贵意见。

目录
Contents

Jingguan Jianzhu Sheji

第一章

总　　论

1.1　建　筑

1.1.1　建筑的概念

早在原始社会，人们就用树枝、石块构筑巢穴躲避风雨和野兽的侵袭，开始了最原始的建筑活动。社会进步了，出现了宅院、庄园、府邸和宫殿，供生者亡后"住"的陵墓以及神"住"的庙堂。生产发展了，出现了作坊、工场以至现代化的大工厂。商品交换产生了，出现了店铺、钱庄乃至现代化的商场、百货公司、交易所、银行、贸易中心。交通发展了，出现了驿站、码头直到现代化的港口、车站、地下铁道、机场。科学文化发展了，又出现了书院、家塾直到近代化的学校和科学研究建筑。

从空间上来说，有人认为建筑是空间，是由实体的墙、屋顶等包围或构成的虚的空间，人可以进入里面。而有的建筑虽是实心的，但它们也有空间，这些建筑的空间不在其内部，而是在其周围。例如纪念碑、塔幢之类的建筑物，实的物体在中间，空的空间在其周围，或者说它们反包围（或构成）周围的空的空间。

如图 1-1 所示为北京天坛的圜丘，是用三层坛台构成它的上部空间。有的塔是空心的，人可以入内，还可以爬到塔的上面向外眺望，如西安大雁塔、杭州的雷峰塔，等等；有的塔是实心的，如北京的妙应寺白塔、南京的栖霞寺舍利塔，等等。不论是实心的还是空心的，塔作为一个整体，被看成一个实体，其周围都属于塔的空间。纪念碑更是如此，北京天安门广场上的人民英雄纪念碑，碑周围的空间就是属于这座碑的空间（见图 1-2）。诸如此类，建筑物的空间性，既有实的实体（碑），又有虚的空间（广场），这虚的空间就是人活动的场所。实的实体为虚的空间而设，它不但组织起供我们使用的空间，而且显示了建筑形象。一个建筑物可以包含各种不同的内部空间，同时它又被包含于周围的外部空间之中，建筑正是以它所形成的各种内部的、外部的空间，为人们的生活创造了工作、学习、休息等多种多样的环境。

图 1-1　北京天坛圜丘

图 1-2　人民英雄纪念碑

总体来看,从古至今,建筑的目的都是取得一种人为的环境,供人们从事各种活动。所谓人为,是说建造房屋要工要料,而房屋一经建成,这种人为的环境就产生了。它不但提供给人们一个有遮掩的内部空间,同时也带来了一个不同于原来的外部空间。

著名的德国建筑师格罗皮乌斯提出:"建筑,意味着把握空间。"现代主义大师勒·柯布西耶提出:"建筑是居住的机器。"这些见解都意味着人们对建筑有了新的认识。建筑,首先应当是给人们提供活动的空间,而这些活动无疑包括物质活动和精神活动两个方面。所以美国著名建筑师赖特认为:建筑,是用结构来表达思想的科学性的艺术(见图1-3)。他承认建筑是一种艺术,但建筑又具有构成建筑物的科学性和人们使用建筑物的合理性。不难看出,现代建筑师把建筑的艺术不只看成独立的纯粹的艺术,而且看成既包括在供人使用的范畴中,又满足人们的精神活动。这有些类似于工艺美术和现代的实用美术,前者更多地考虑造型,后者则偏重于应用,但不能说后者不重视造型。所以后来又把实用美术视为产品,叫工业美术。作为产品,它的生产手段显然与工艺美术不同,其生产目的则是销售。可以说,现代建筑就遵循对建筑的这种认识,这是时代潮流所致。例如居住建筑,现在我们建造住宅,是成批生产的,一样的形式,数百幢地建造,只要它卖得出去,甚至没有地域概念,北京可以建造这种形式,上海、广州、西安、武汉等地也可以建造(见图1-4)。它还可以国际化,美国可以建造这种形式的住宅,法国、英国、德国、日本、韩国、泰国等几乎任何国家都可以建造这种形式的住宅,只要它卖得出去。除了住宅,其他如办公楼、剧院、电影院、医院、旅馆、学校等,也都能这样做。

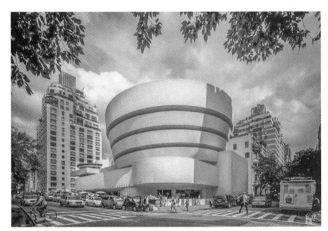 

图1-3 纽约古根海姆博物馆 赖特　　　　　　图1-4 武汉某超高层小区

意大利著名建筑师奈尔维认为:"建筑是一个技术与艺术的综合体。"(《建筑的艺术与技术》)这种论点,说到底仍然是把建筑看作一种艺术,无非由于现代建筑的科学技术特征和因素很强烈,甚至科学技术直接参与造型,所以产生了这种提法。

1.1.2　建筑的艺术性

在19世纪中叶以前的西方建筑界,往往把建筑说成是"凝固的音乐"。建筑和音乐的关系,早在古希腊时就已经被哲学家毕达哥拉斯注意到了。文艺复兴时期的建筑理论家阿尔伯蒂说:"宇宙永恒地运动着,在它的一切运动中自始至终贯穿着类似性,所以我们应当从音乐家那里借用一切有关和谐的法则。"(《论建筑》第四卷)德国哲学家谢林说:"建筑是凝固的音乐。"后来德国音乐家豪普德曼又补充说:"音乐是流动的建筑。"这些对建筑的认识,无疑是把建筑作为一种艺术来看待。

建筑确实是一种艺术,而且是一种很古老的艺术。在古罗马的光辉的艺术中,建筑占有相当重要的地位,如斗兽场（见图 1-5）、万神庙、铁达时凯旋门等，都是伟大的艺术品。又如巴黎圣母院、罗马圣彼得大教堂、莫斯科华西里·柏拉仁诺大教堂、伦敦圣保罗大教堂等，也都称得上是精美的艺术品。甚至许多著名的现代建筑，如法国的朗香教堂（见图 1-6）、美国的流水别墅、澳大利亚的悉尼歌剧院等，都称得上是现代艺术的精品。我国古代的许多著名建筑，如北京故宫、天坛，山西晋祠圣母殿，应县木塔，以及江南园林，等等，也都称得上是艺术精品。秦始皇所建造的阿房宫，虽然早已被西楚霸王项羽付之一炬，但它留在人们心目中的形象也是很美的。现存的许多古建筑，更以实物形象表述了这一点。在我国的现代建筑中，也有许多称得上是艺术佳作的，如上海的金茂大厦、浦东国际机场，广州的白天鹅宾馆，北京奥运会的主会场"鸟巢"（见图 1-7）、游泳馆"水立方"以及中央彩色电视中心，等等。

图 1-5　古罗马斗兽场

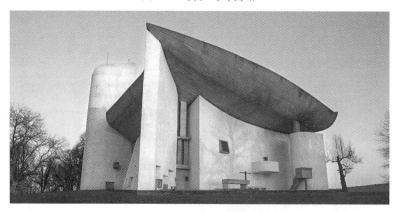

图 1-6　朗香教堂

图 1-7　国家体育场"鸟巢"

但我们不能说建筑等同于艺术,建筑除了它的艺术属性之外,还有其他性质,如使用功能性、工程技术性和经济性。在19世纪以前,由于过分地强调了建筑的艺术性,从而反过来束缚了人们的手脚,有碍于建筑的其他性质的真正实现。从18世纪下半叶的工业革命开始,人们在生产、生活活动及其他许多方面,都对建筑提出了新的要求;同时,那些墨守成规的古典的建筑艺术范例,越来越有碍于建筑的发展。在这种矛盾面前,人们开始对传统的建筑形态产生不满足的情绪,要求有所变革。从19世纪下半叶开始,欧美的众多国家,从理论到实践,都开始对建筑进行了新的认识和探索,并且开始出现许多形式新颖的建筑,以跟上时代的步伐。

1.1.3　建筑的社会性

随着社会生产力的发展,建筑也不断变化。以埃及金字塔为例,金字塔是古埃及奴隶主的陵墓,其中最大的一座高146 m,正方形底座边长230 m,全部用规则的石灰岩块砌成。建造这样巨大的建筑在以部族为单位的原始社会是不可想象的,只有在奴隶社会,才有可能提供那样大量而集中的劳动力。数十万奴隶使用简陋的工具,被迫分批进行集中劳动,历时30年修建了人类历史上第一批巨大的纪念性建筑。耸立在荒漠中的金字塔,以其庞大无比的简单几何形象成为奴隶主绝对权力的象征,深刻地反映了奴隶社会的生产关系(见图1-8)。

图1-8　埃及金字塔

其次,法国的巴黎圣母院是欧洲中世纪封建社会的宗教建筑。它使用了石、金属、彩色玻璃等多种材料,采用了一种叫骨架券和飞券结构的建造技术,这说明封建社会的生产力相比奴隶社会又得到了发展,能够为建筑提供较多的材料和技术(见图1-9)。而建筑内外的许多烦琐装饰,又多少反映了那个社会的工匠手工业劳动的特点。天堂是基督徒最向往的去处,高耸的尖塔、密集的垂直线条、阳光与彩色玻璃窗所造成的缥缈虚幻的室内气氛,正好体现了这种超世脱俗的愿望。中世纪的教堂是当时居民的生活中心,是城镇的标志和象征。

再次,作为对全世界来说具有浓郁的神秘色彩的东方大国,我国建筑有着独特的形制。故宫作为现存的中国古代宫殿代表之作,深刻地反映出封建社会的阶级关系。一进进院落,一座座厅堂,都围绕着一条明确的中轴线进行布局。它华丽壮观,壁垒森严,又等次分明(见图1-10)。当时的技术造就了豪华的殿堂,建筑的绝大部分采用天然材料和沿用了数千年之久的木结构构架形式。

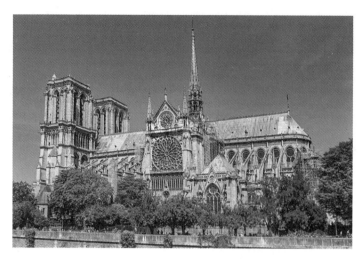

图 1-9　巴黎圣母院

最后，社会发展到近现代，生产力突飞猛进，建筑技术也得到了充分的发展。上海中心大厦是上海市的一座巨型高层地标式摩天大楼，也是中国人首次建造的 600 米以上的高楼，展现了改革开放以来中国制造、工程建设领域的巨大进步和城市现代化发展的成果，也体现了建筑师独特的设计理念和大胆的设计创新。主楼为地上 127 层，建筑高度为 632 米，总建筑面积约为 57.8 万平方米，主要作为办公、酒店、商业、观光等公共设施使用（见图 1-11）。

图 1-10　北京故宫

图 1-11　上海中心大厦

1.2　景　观

景观（landscape）一词在古代是指由个人或集团所拥有的一块土地。后来，受荷兰画家（他们把景观看作风景画）的影响，景观被赋予了更现代的含义。

地理学家把景观作为一个科学名词,定义为一种地表景象或综合自然地理区,或是一种类型单位的通称;艺术家把景观作为表现与再现的对象,等同于风景;建筑师则把景观作为建筑物的配景或背景;生态学家把景观定义为生态系统;旅游学家把景观当作资源。

具体来说,景观是多种功能(过程)的载体,可被理解和表现为以下几项。

(1)风景:视觉审美的对象。

(2)栖居地:人类生活的空间和环境。

(3)生态系统:一个具有结构和功能、具有内在和外在联系的有机系统。

(4)符号:一种记载人类过去、表达希望和理想、赖以认同和寄托的语言和精神空间。

景观具有空间环境和视觉特征的双重属性。空间环境包括周围条件(生物圈、地形、气候、植被)、功能(人的活动)、构造(材料、结构);视觉特征包括艺术性(构图法则)、感觉性(声、光、味、触)、时间性(四季、昼夜)、文化内涵(民族、职业)等。

1.3 景观建筑

在人类的发展史中,建筑始终充当着人与自然环境沟通的媒介,而人与自然环境的沟通主要体现在两个层面,即物质层面和精神层面。从这层意义上讲,建筑也分为两大类别,即满足人与自然环境在物质层面沟通需求的建筑和满足人与自然环境在精神层面沟通需求的建筑。前者主要指那些为了满足人们基本的物质性要求而建造的建筑,后者指满足人与天地、宇宙、自然界的精神沟通需求的建筑。人在思维和精神方面具有独特性,生活在自然界中的人们需要在精神上保持与宇宙、大地的沟通,人们的精神同人们的身体一样需要有所依赖和适度放松。为此,自古至今人们创造了大量的"精神建筑":如原始部落中代表万物、神灵的图腾柱,人们通过顶礼膜拜以示其对神灵的信仰与敬畏,借此使精神得到寄托;为怀念亡者及纪念重大历史事件而修建的大型陵寝或纪念性建筑,如金字塔、泰姬陵等;为了游乐休闲而建造的各种亭、台、楼、阁等。

所谓景观建筑,是指处于自然环境内,与自然景观相结合,满足人的精神需求,具有较高观赏价值并直接与风景审美、旅游服务发生关系的建筑。景观建筑与其他建筑类型相比,更加突出建筑与周围环境和文化的关联,在建筑形态上造型丰富,与整体景观环境相适应,突出观景与景观的特点。由于景观建筑的特殊性,景观建筑的设计要充分考虑使建筑成为景观的一部分,在建设中将建筑与环境相结合是关键。

1.3.1 景观建筑的分类

1. 游憩类

1)科普展览建筑及设施

科普展览建筑及设施是指供历史文物、文学艺术、摄影、书画、科普、金石、工艺美术、花鸟鱼虫等展览的建筑与设施(见图1-12)。

图 1-12　大熊猫科普馆

2）文体游乐建筑及设施

文体游乐建筑有文体场地、露天剧场（见图 1-13）、游艺室、健身房等。其中的设施围绕功能展开，例如跷跷板、荡椅、浪木、脚踏水车、秋千、滑梯、攀登架、单杠、脚踏三轮车、迷宫、原子滑车、摩天轮、金鱼戏水、疯狂老鼠、旋转木马、勇敢者转盘等。

图 1-13　露天剧场

3）游览观光建筑及设施

游览观光建筑不仅给游人提供游览、休息、赏景的场所，其本身也是景点或成为景观的构图中心，包括亭、廊、榭、舫、厅、堂、楼、阁、斋、馆、轩、码头、花架、花台、休息坐凳等（见图1-14）。

图1-14 网师园月到风来亭

4) 园林建筑小品

园林建筑小品一般体形小，数量多，分布广，具有较强的装饰性，对园林绿地景色影响很大。园林建筑小品主要包括园椅、园凳、园桌、展览牌及宣传牌、景墙、景窗、门洞、栏杆、花格、雕塑等。

（1）园椅、园凳、园桌 供游人坐息、赏景之用，一般布置在安静、景色优美以及游人需要停留休息的地方（见图1-15）。在满足美观和功能要求的前提下，结合花台、挡土墙、栏杆、山石等而设置。必须舒适坚固，构造简单，制作方便，与周围环境相协调，点缀风景，增加趣味。

图1-15 休息座椅

②展览牌、宣传牌　用来进行精神文明教育和科普宣传、政策教育的设施,有接近群众、利用率高、灵活多样、占地少、造价低和美化环境的优点。一般常设在风景园林绿地的各种广场边、道路对景处或结合建筑、游廊、围墙、挡土墙等灵活布置。根据具体环境情况,可呈直线形、曲线形,其断面形式有单面和双面,也有平面和立体等(见图1-16)。

图1-16　展览牌

③景墙　有隔断、导游、衬景、装饰等作用,景墙的形式很多,根据材料、断面的不同,有高矮、曲直、虚实、光洁与粗糙、有檐与无檐等形式(见图1-17)。

图1-17　景墙

④景窗、门洞　具有特色的景窗、门洞,不仅有组织空间、采光和通风的作用,而且能为风景园林增添景色。景窗有什锦窗和漏花窗两类,什锦窗是在墙上连续布置各种不同形状的窗框,用以组织园林框景;漏花窗类型很多,从材料上分有瓦、砖、玻璃、扁钢、钢筋混凝土等。景窗主要用于园景的装饰和漏景。门洞有指示导游和点景

装饰的作用。一个好的门洞往往给人以"引人入胜""别有洞天"的感觉。

（5）栏杆 栏杆主要起防护、分隔和装饰美化的作用，坐凳式栏杆还可供游人休息。栏杆在风景园林绿地中一般不宜多设，即使设置也不宜过高。应该把防护、分隔的作用巧妙地与装饰美化作用结合起来（见图1-18）。常用的栏杆材料有钢筋混凝土、石、铁、砖、木等。石制栏杆粗壮、坚实、朴素、自然；钢筋混凝土栏杆可预制装饰花纹，经久耐用；铁栏杆少占面积，布置灵活，但易锈蚀。

图1-18 栏杆

（6）花格 花格广泛用于漏窗、花格墙、屋脊、室内装饰和空间隔断等。依制造花格的材料和花格的功能不同，花格可分为砖花格、瓦花格、琉璃花格、混凝土花格、水磨石花格、木花格、竹花格和博古架等。

（7）雕塑 雕塑有表现风景园林意境、点缀装饰风景、丰富游览内容的作用，大致可分为三类：纪念性雕塑、主题性雕塑、装饰性雕塑。现代环境中，雕塑逐渐被运用在风景园林绿地的各个领域中（见图1-19），除单独的雕塑外，还用于建筑、假山和小型设施。如塑成仿树皮、竹材的混凝土亭，仿树干的灯柱，仿树桩的圆凳，仿木板的桥，仿石的踏步，以及塑成气势磅礴的狮山、虎山等。

图1-19 雕塑

除以上七种园林建筑小品外,园林中还有花池、树池、饮水池、花台、花架、瓶饰、果皮箱、纪念碑等小品。

2. 服务类

风景园林中的服务性建筑包括餐厅、酒吧、茶室、接待室、宾馆、小卖部、售票处等。这类建筑虽然体量不大,但与人们密切相关,它们融使用功能与艺术造景于一体,在园林中起着重要的作用。

1)饮食业建筑

饮食业建筑有餐厅、食堂、酒吧、茶室、冷饮店、小吃部等(见图1-20)。这类设施近年来在风景区和公园内已逐渐成为一项重要的设施,在人流集散、功能要求、服务游客、建筑形象等方面对景区有很大影响。

图 1-20　公园茶餐厅

2)商业性建筑

商业性建筑有商店或小卖部、购物中心,主要给游客提供用的物品和糖果、香烟、水果、点心、饮料、土特产、手工艺品等,同时还为游人创造一个休息、赏景之所(见图1-21)。

图 1-21　长风公园小卖部

3) 住宿建筑

住宿建筑有酒店、宾馆等类型。规模较大的风景区或公园多设一个或多个接待室、休息室,甚至宾馆、酒店等,主要供游客住宿、赏景(见图1-22)。

图1-22　西湖国宾馆

4) 售票处

售票处是收费公园大门或外广场的小型建筑,也可作为园内分区收票的集中点,常和亭廊组合为一体,兼顾管理和游憩需要(见图1-23)。

图1-23　东湖某收费区域售票处

3. 公用类

公用类建筑及设施主要包括导游牌和路标、停车场、供电及照明设施、供水及排水设施、供气供暖设施、标志物及果皮箱、饮水站、厕所等。

1）导游牌、路标

在园林各路口设立标牌，可协助游人顺利到达游览地点，尤其在道路系统较复杂、景点丰富的大型园林中，同时起到点景的作用（见图1-24）。

图1-24　景区导览牌

2）停车场

这是风景区和公园必不可少的设施，为了方便游人，常和大门入口结合在一起，但不应占用门外广场的位置（见图1-25）。

图1-25　生态停车场

3）供电及照明设施

供电及照明设施主要包括园路照明、造景照明、生活生产照明、生产用电、广播宣传用电、游乐设施用电等设施。园林照明除了创造一个明亮的环境，满足夜间游园活动、节日庆祝活动以及保卫工作等的要求以外，它更是创造现代化景观的手段之一。近年来，广西的芦笛岩、伊岭岩，江苏宜兴的善卷洞、张公洞，国外的"会跳舞的喷泉"等，均突出地体现了园景用电的特点。园灯是园林夜间照明设施，白天具有装饰作用，因此各类园灯在灯头、灯柱、柱座（包括接线箱）的造型上，光源选择上，照明质量和方式上，都应符合一定的要求。园灯造型不宜烦琐，可有对称与不对称、几何形与自然形之分。

4）供水与排水设施

风景园林中用水有生活用水、生产用水、养护用水、造景用水和消防用水。一般取水方式有：引用河湖等地表水；利用天然涌出的泉水；利用地下水；直接用自来水或设深井水泵吸水。给水设施一般有水井、水泵、管道、阀门、龙头、窨井、储水池等。消防用水为单独体系，有备无患。景园造景用水可设循环设施，以节约用水。工矿企业的冷却水可以利用。水池还可和风景园林绿化养护用水结合，做到一水多用。山地园和风景区应设分级扬水站和高位储水池，以便引水上山，均衡使用。

风景园林绿地的排水主要靠地面和明渠排水，暗渠、埋设管线只是局部使用。为了防止地表冲刷，需固坡及护岸，常采用谷方、护土筋、水簸箕、消力阶、消力池、草坪护坡等措施。为了将污水排出，常使用化粪池、污水管渠、集水窨井、检查井、跌水井等设施。管渠排水体系有雨、污分流制，雨、污合流制，地面及管渠综合排水等方法。

5）厕所

园厕是维护环境卫生不可缺少的，既要有其功能特征，外形美观，又不能喧宾夺主。要求有较好的通风、排污设备，应具有自动冲水和卫生用水设施（见图1-26）。

图1-26　景观卫生间

4. 管理类

管理类设施主要指园区的管理设施，以及方便职工的各种设施。

1）大门、围墙

大门在风景园林中突出醒目，给游人第一印象。依各类风景园林的不同，大门的形象、内容、规模有很大差别，可分为以下几种形式：柱墩式、牌坊式、屋宇式、门廊式、墙门式、门楼式，以及其他形式的大门等（见图1-27）。

图1-27　清明上河园景区大门

2）其他管理设施

其他管理设施有办公室、广播站、宿舍、食堂、医疗卫生设施、治安保卫设施、温室、凉棚、变电室、垃圾污水处理场等。

1.3.2　景观建筑的特点

1. 功能性

景观建筑的功能包括美化环境、休闲和娱乐、承载教育和文化、传播信息等。这些功能让景观建筑变得更加多样化和富有诱惑力。

首先，景观建筑的主要作用是让人们感受到自然的美好，让人们能够在一个美丽、舒适的环境中放松心情。这种建筑有着很好的美化作用，不仅可以点缀自然环境，还能够撑起大街小巷和城市公园。通过不同的设计手法，景观建筑可以将自然的美感尽可能地传达给人们，并且为空间增添灵动感。

其次，景观建筑还能够提供特定的功能，如休闲和娱乐。大多数景观建筑的设计都是以人为中心，因此可以提供人们需要的各种娱乐和运动设施。人们可以在这里骑自行车、跑步、踢足球或者是进行瑜伽等运动，这种建筑具有良好的休闲和娱乐功能。

另外，景观建筑也是教育和文化的载体，景观建筑经常使用一些有意义的故事来传达艺术、文化和历史。通过讲述故事，设计师可以将人们引入一个特定的文化景观中，从而激发他们的想象力和创造力。同时，景观建筑的文化体现也可以促进不同文化的交流，这是非常有益的。

2. 空间性

景观建筑空间形态是指园林景观中建筑物的外观、内部空间以及与周围环境相互融合所呈现出的形态。

常见的景观建筑空间形态有规则式空间、自然式空间、混合式空间、庭院式空间。

规则式空间的布局特点是空间形态严谨、规整,具有极强的秩序美和几何感,常见的形式有轴对称、几何构图等,例如法国凡尔赛宫苑、北京天坛公园等。规则式空间一般用于大型公园、广场、陵墓等体现庄重、肃穆氛围的场所(见图1-28)。

图 1-28　南京中山陵平面图

自然式空间布局主要模仿自然山水景色,运用自然元素和材料构建。自然式空间常在山水园、植物园、野生动物园等空间中出现,特点是注重自然美感和生态平衡,追求与周围环境的和谐统一。

混合式空间的布局特点是将不同类型的景观建筑空间形态进行组合,具有多样性和丰富性,能够满足不同人群的需求,同时还能增强空间的层次感和立体感。混合式空间常用于大型园林、度假区、主题公园等需要多样化空间设计的场所。

庭院式空间是以庭院为核心,通过围合、半围合等手法形成的建筑空间,尤其注重庭院绿化、水景、小品等元素,营造宜人的环境(见图 1-29)。庭院式空间主要用于住宅、办公、商业等各类建筑周围。

图 1-29　庭院景观

3. 艺术性

景观建筑是一种将自然与人工结合的艺术形式,具有独特的艺术特征。在景观建筑设计中,人们通过美化自然景观和构建美丽的建筑物,创造出和谐美妙的环境,使人们感到舒适自在。景观建筑的艺术特征主要表现在以下几个方面。

1)自然与人工的结合

景观建筑强调自然与人工的结合,要求同时体现自然美和人工美。建筑在自然环境中要融洽自然,避免破坏自然景观以及自然生态环境。同时,景观建筑也要注重人工美,即建筑与自然景观相互融合,创造出和谐、美丽的环境。

2)造型和谐、整洁

景观建筑强调造型和谐、整洁。建筑要注重形体的美感、形象的雕琢。建筑与景观要形成和谐的整体,使人们在欣赏中赞叹其美。

3)意境深远、意味深长

景观建筑意境深远、意味深长。建筑要寓意深刻,富有哲理性。景观建筑不仅是艺术表现,更是思想溯源、文化传承的重要载体。

4)材料考究、精美细致

景观建筑材料要求考究,充分发挥其纹理、色泽等特点,使其充满质感和细腻美。建筑要求精益求精,力求做到精雕细琢,创造精致的艺术品。

5)色彩协调、明快清新

景观建筑注重色彩的搭配与协调,互相烘托,使其充满生命力和活力。色彩的鲜明度要适中,以达到明快清新的效果。

1.4 如何学好景观建筑设计

1.4.1 注重建筑修养的培养

要成为一个优秀的设计师(无论是建筑师、风景园林设计师还是城市规划师),除了需要具备渊博的专业知识和丰富的经验方法外,建筑修养也是十分重要的。建筑修养是设计师进行建筑设计的灵魂。观念境界的高低、设计方向的对错,无不取决于设计师自身修养功底的深浅。建筑修养水平的提高不是打"短平快"的突击战就能一蹴而就的,它要求设计师必须具有持之以恒的决心与毅力,通过日积月累、不断努力来取得。同时,培养良好的学习习惯是十分必要的。

(1)培养向前人及其他人学习的习惯,以学习并积累相关专业知识和经验。

(2)培养向生活学习的习惯,因为建筑从根本上说是为人的生活服务的,真正了解了生活中人的行为、需求、好恶,也就把握了建筑功能的本质需求。生活处处是学问,只要用心留意,平凡细微之中皆有不平凡的真知存在。

(3)培养不断总结的习惯。我们需要通过不断总结已完成的设计过程,达到认识、提高、再认识的目的。许多著名建筑师无论走到哪里,常常是笔记本、速写本乃至剪报本伴随左右,这正是良好学习习惯的具体体现。

1.4.2 注重好的工作作风和构思习惯的培养

捕捉思维的灵感、激发想象的火花以取得一个好的构思需要一定的外在刺激。除此之外,好的工作作风和构思习惯对方案构思也是十分重要的。

例如,应养成一旦进行设计就全身心地投入并坚持下去的作风,杜绝那种部分投入并断断续续的不良习惯。常言道"功夫不负有心人",其中功夫的大小既关乎身心投入的多少,也关乎持续时间的长短。只有全身心地投入并不间断地持续下去,才能真正认识问题,把握问题的关键所在,不断尝试,采取各种解决方法,最终收获思维的成果。

应养成脑手配合、思维与图形表达并进的构思方式,避免将思维与图形表达完全分离开来。在一般的设计构思中必然会经历"思维—图形表达—评价—再思维—调整图形"的循环过程,由于设计任务的相关因素繁多,期望完全想好了、厘清了再通过图形一次表达出来是不现实的,也是不科学的。在构思过程中能够随时随地如实地把思维的阶段成果用图形表达出来,不仅有助于厘清思路,从而把思维顺利引向深入,而且具体而形象的图形表达对于及时验证思维成果、矫正构思方向起到了单靠思维方式所不及的作用。此外,由于思维与图形表达不可能是完全一致的,两者之间的微差往往会对思维形成新的刺激与启发,对于加速完成构思是十分有利的。

1.4.3 学会观摩与交流

对初学者而言,同学间的相互交流和对建筑名作的适当模仿是改进设计方法、提高设计水平的有效方法。

建筑名作与一般建筑相比有着多方面的优势:其一,对环境、题目有着更为深入正确的理解与把握;其二,立意境界更高,比一般建筑更为关怀人性、尊重环境;其三,构思独特,富有真知灼见;其四,造型美观而得体,富有个性特色和时代精神;其五,体现出更为成熟系统的处理手法与设计技巧。总之,建筑名作所体现的设计方法、观念更接近于我们对建筑设计的理性认识,因而是我们学习模仿的最佳选择。

模仿学习名作必须在理解的基础之上,并且应该是变通的,甚至是批判的。要坚决杜绝那种生搬硬套、追求时髦和流于形式的模仿,因为非理解的模仿往往是把名作的外在形式剥离于具体的功能和内在的观念,是对名作的完全误解,其负面影响是显而易见的。为了确保把名作读懂吃透,仅仅了解其图形资料是远远不够的,应尽可能多地研究一些背景性、评论性资料,真正做到知其然,又知其所以然。

作为一种学习的辅助手段,同学间的互评交流也是十分有益的。首先,同学间的互评交流为大家畅所欲言、勇于发表独到意见创造了良好气氛,互评交流不仅可以很好地锻炼学生的语言表达能力,而且能够促进形成认真学习、深入思考之风;其次,同学间的互评交流必然形成不同角度、不同立场、不同观念、不同见解的大碰撞,它既有利于学生取长补短,逐步优化设计观念,改进设计方法,又有利于学生相互启发,学会通过改变视角来更全面地认识问题,进而达到更完美地解决问题之目的。

1.4.4　注意进度安排的计划性和科学性

在确定方案之后又推倒重来,在课程设计中是常常出现的现象,这种现象大致分为两种情况。其一,由于前一阶段(方案构思阶段)的任务没有按计划完成,或受时间所限而仓促定案,因此存在着较多的问题,最终导致推倒重来。这种情况完全是因个人没有达到教学进度要求而造成的,应坚决杜绝。其二,前一阶段的任务已基本完成,但设计者自己仍不甚满意,所以竭力进行新的构思,一旦有了更为满意的想法,就会否定原有方案,有的甚至反复多次更改方案仍未真正确立。这种精益求精的精神固然可嘉,但是由于时间、精力等诸多客观因素的制约,推倒重来势必会影响下一阶段任务完成的质量与进度,所以这种做法的最终效果肯定是差强人意的,因而也是不可取的。如果有的同学把方案构思等同于方案设计,把方案的深入完善等大量后续工作置于可有可无的位置,则更是错误的,这样既偏离了课程学习训练的目的,也完全误解了方案设计的性质。方案构思固然十分重要,但它并不是方案设计的全部,为了确保方案设计的质量水平,尤其是使课程训练更系统、更全面,科学地安排各阶段的时间进度是十分必要的。

Jingguan Jianzhu Sheji

第二章

景观建筑基础知识

2.1　风景园林基本知识

2.1.1　中国传统风景园林的发展

中国古代风景园林历史悠久,大约从公元前 11 世纪的奴隶社会前期直到 19 世纪末封建社会解体为止,在 3000 余年漫长的发展过程中形成了世界上独树一帜的东方园林体系。

1. 中国古典园林发展阶段划分

1)生成期

在公元前 16 世纪—公元前 11 世纪的商朝奴隶社会里,以商王为首的贵族都是大奴隶主,经济较为强大,这一时期产生了以象形为主的文字,从出土的甲骨文中的 "园、囿、圃" 等文字中可见当时已产生了园林的雏形。到殷朝时,《史记》就有殷纣王 "厚赋税以实鹿台之钱……益广沙丘苑台,多取野兽蜚鸟置其中……乐戏于沙丘" 的记载。记载中说,"穿沿凿池,构亭营桥,所植花木,类多茶与海棠",说明当时的造园技术已达到了相当的水平,上古朴素的囿的形式得到了进一步的发展。周灭商后,建都镐京(在今陕西西安的西南),配合分封建制,开始了史无前例的大规模营建城邑及造园活动,其中最著名的是灵台、灵囿、灵沼(见图 2-1)。此时的风景园林已初步具备了造园的四个基本要素,形成了风景园林的雏形。

图 2-1　灵台、灵沼

2）发展期

公元前 221 年秦始皇统一六国后，对社会进行了大量的改革，使秦王朝空前强大，在物质、经济、思想制度等方面均具备了集中人力物力进行大规模造园活动的条件，使商朝的囿发展到苑。到魏晋南北朝以前，苑的形式在规模、艺术性等多方面达到了较综合的水平，奠定了中国自然式园林大发展的基础。

这一时期的代表作有秦咸阳宫（如兰池宫）、汉上林苑（据史书记载，其规模宏大，"周墙四百余里"）、汉建章宫等，其中已有山、植物、动物、苑、宫、台、观、生产基地等内容，可见已相当完善，但此时私家园林记载极少。魏晋南北朝是中国历史上一个大动乱时期，但思想十分活跃，促进了艺术领域的发展，也促使园林升华到艺术创作的境界，并伴随着私有园林的发展和兴盛，这是中国古典园林发展史上一个重要的里程碑。

魏晋南北朝以前的宫苑虽气派宏大、豪华富丽，但艺术性稍差，尚处于初期阶段，既无诗情画意又乏韵味和含蓄，更没有悬想之念。直到隋朝以后，人们在摆脱思想束缚之后开始追求园林的意境，因此才有了隋唐时代的园林全盛局面。

3）兴盛时期

这一时期由隋唐至宋元，历时近 800 年，以唐代为代表，中国古典风景园林空前兴盛和丰富，进入了前所未有的全盛时代。

这一时期，无论是皇家园林还是寺庙园林均达到了很高的艺术水平，尤其是皇家园林普及面广，正如书中所载："唐贞观、开元之间，公卿贵戚开馆列第于东都者，号千有余邸。"而洛阳私园之多并不亚于长安，其中许多私园主人只授人造园却不曾到过，有白居易《题洛中第宅》为证："试问池台主，多为将相官。终身不曾到，唯展宅图看。"如此之盛况前所未有。

纵观这一时期的风景园林发展，有以下四个特点：一是皇家园林"皇家气派"已完全形成，出现了像西苑、华清宫、九成宫、禁苑等这样一些具有划时代意义的作品；二是私家园林艺术性大为提高，着意于刻画园林景物的典型性格以及局部、小品的细致处理，赋予园林以诗情画意，讲究意境的情趣；三是宗教风俗化导致寺庙园林的普及，尤其是郊野寺庙开创了山丘风景名胜区发展的先河；四是山水画、山水诗文、山水园林三个艺术门类已有相互渗透的迹象，中国古典园林的"诗情画意"特点形成，"园林意境"已处于萌芽发展期。这一时期基本形成了完整的中国古典园林体系，并开始影响朝鲜、日本等周边国家。发展至宋代，在两宋特定的历史条件和文化背景下，进入了中国古典风景园林的成熟时期。

4）成熟时期

明、清是中国古典风景园林艺术的成熟时期，自明中叶到清末，历时近 500 年。此时期除建造了规模宏大的皇家园林之外，封建士大夫为了满足家居生活的需要，在城市中大量建造以山水为骨干、饶有山林之趣的宅园，以满足日常聚会、游憩、宴客、居住等需要。皇家园林多与离宫相结合，建于郊外，少数设在城内，规模都很宏大，其总体布局有的是在自然山水的基础上加以改造，有的则是靠人工开凿兴建，建筑宏伟浑厚、色彩丰富、豪华富丽。而封建士大夫的私家园林多建在城市之中或近郊，与住宅相连，在不大的面积内，追求空间艺术的变化，风格素雅精巧，达到平中求趣、拙间取华的意境，满足以欣赏为主的要求。宅园多是因阜掇山，因洼疏池，亭、台、楼、阁众多，植以树木花草的"城市园林"，分布极广，数量很大，宅园比较集中的地方有北方的北京，南方的苏州、扬州、杭州、南京。明、清园林的艺术水平达到了历史最高水平，文学艺术成了景园艺术的组成部分，所建之园步移景异，亦诗亦画，富于意境。

明、清时期，造园理论也有了重要的发展，其中比较系统的造园著作为明末吴江人计成所著的《园冶》一书。全书比较系统地论述了空间处理、叠山理水、园林建筑设计、树木花草的配置等许多具体的艺术手法，提出了"因地制宜""虽由人作,宛自天开"等主张和造园手法,是对明代江南一带造园艺术的总结,为我国的造园艺术提供了理论基础。

这一时期的园林代表作有很多,如皇家园林颐和园(见图2-2)、圆明园(见图2-3)、承德避暑山庄等;私家园林有苏州拙政园、留园、网师园、狮子林、沧浪亭,上海豫园,无锡寄畅园,扬州个园等;岭南园林有顺德清晖园、东莞可园、番禺余荫山房、佛山梁园等;寺庙园林有北京西山大觉寺、白云观、法源寺,河北承德普宁寺,杭州黄龙洞,四川青城山古常道观,苏州拥翠山庄等。此外,我国少数民族地区也有不少园林杰作,如西藏拉萨西郊的罗布林卡(有如珍珠宝贝般的园林空间,见图2-4)等,但与风格成熟的江南、北方皇家、岭南三大风格园林相比,只能算是它们的变体或亚风格,其他少数民族更缺乏较完整的代表作。以上所列举的园林实例代表了中国古典园林的最高成就与水平,是中国古典风景园林走向成熟的标志。

图2-2 颐和园

图2-3 圆明园

图2-4　罗布林卡

由于这一时期的风景园林多保存较为完整,特点也很鲜明突出,相关论著介绍颇多,对后世及国外影响也很大,在此不再做过多叙述。

2. 中国古典园林的特点

1）本于自然,高于自然

"本于自然,高于自然"是中国古典园林艺术的基本特征,也是造园的基本原则。中国古典园林源于生活空间的拓展,即在狭小、局促的空间内满足对自然的向往。经过造园师精心的艺术处理,园林将自然美和人文美巧妙地结合起来,再现自然,从而做到"虽由人作,宛自天开"。中国古典园林在真山真水的基础上,以植物为重点,在布局上因山就势,灵活布置,一切都以顺应自然的态势发展而造园。这种讲求自然的特点深受古代自然美学的影响,特别是受到以孔子、孟子为代表的儒家思想和以老子、庄子为代表的道家思想的影响。如孔子曾经提出"知者乐水,仁者乐山;知者动,仁者静",用自然来比拟人的性格,是一种移情。孔子认为自然之美在于"比德","君子比德"思想对园林的发展有很大的影响。例如,石峰代表坚贞、正直,因此文人特别喜欢石,以石之坚硬象征自己刚正不阿的品行,在园林中堆石成景是其重要的组景手段。

影响中国古典园林空间布局的应该是"道家情思"和"自然为万物之本"的思想。道家崇尚自然,追求虚静,讲求"出世""无为",这些思想客观上推动了园林的发展,特别是文人园林的发展。大多数文人怀才不遇,逃避现实,隐逸于山水之间,而道家讲求的虚静、无为,正合文人的心境。他们游山玩水,好山林之乐,更在自己的寓所、宅院周围营造园林,一方面供自己娱乐之用,另一方面借山水之情,抒发自己的情怀,如辋川别业、沧浪亭、网师园等。道家这种讲求"自然无为"的思想作为儒家"有为"思想的互补促进了园林的发展,而讲求自由布局的园林,正是以严整对称布局为基础的古代建筑的互补。

2）建筑美与自然美的融合

中国古典风景园林的建筑无论多寡,也无论其性质、功能如何,都力求与山、水、植物这三个造园要素有机地组织在一系列风景画面之中。突出彼此协调、互相补充的积极的一面,限制彼此对立、互相排斥的消极的一面,甚至能够把后者转化为前者,从而在总体上使得园林的建筑美与自然美融合起来,达到一种人工与自然高度协调的境界——天人合一的境界。

中国古典风景园林之所以能够求得建筑美与自然美的融合,从根本上来说应该追溯其造园的哲学、美学乃至思维方式。此外,中国传统木构建筑本身所具有的特性也为此提供了优越条件。

木框架结构的单体建筑,内墙外墙可有可无,空间可虚可实、可隔可透。园林里面的建筑物充分利用这种灵活性和随意性创造了千姿百态、生动活泼的外观形象,获得了与自然环境中的山、水、植物密切结合的多样性。中国风景园林建筑,不仅它的形象之丰富在世界范围内算得上首屈一指,而且把传统建筑的化整为零、由单体组合为建筑群体的可变性发挥到了极致。它一反宫廷、坛庙、衙署、邸宅的严整、对称的格局,完全自由随意、因山就水、高低错落,这种千变万化的面上的铺陈更强化了建筑与自然环境的融合关系。同时,还利用建筑内部空间与外部空间的通透、流动的可能性,把建筑物的小空间与自然界的大空间沟通起来。正如《园冶》所论:"轩楹高爽,窗户虚邻,纳千顷之汪洋,收四时之烂漫。"(见图2-5)

图2-5　古典园林建筑

匠师们为了进一步把建筑协调、融合于自然环境之中,还发展创造了许多别致的建筑形象和细节处理。譬如,亭这种简单的建筑物在园中随处可见,不仅具有点景的作用和观景的功能,而且通过其特殊的形象体现了以圆法天、以方象地、纳宇宙于芥粒的哲理。再如,临水之"舫"和陆地上的"船厅",即模仿舟船以突出园林的水乡风貌。江南地区水网密布,舟楫往来为城乡最常见的景观,故园林中这种建筑形象也运用较多(见图2-6)。廊本来是联系建筑物、划分空间的手段,园林里面的那些揳入水面、飘然凌波的"水廊",婉转曲折;通花渡壑的"游廊",蜿蜒山际;随势起伏的"爬山廊"等各式各样的廊子,好像纽带一般把人为的建筑与天成的自然贯穿结合起来(见图2-7)。

3)诗画的情趣

文学是时间的艺术,绘画是平面空间的艺术。风景园林中的景物既需"静观",也要"动观",即在游动、行进中领略观赏,故风景园林是时空综合的艺术。中国古典风景园林的创作,能充分地把握这一特性,运用各个艺术门类之间的触类旁通,熔铸诗画艺术于风景园林艺术,使得风景园林环境从总体到局部都包含着浓郁的诗画情趣,这就是通常所谓的"诗情画意"。

图2-6　石舫

图2-7　爬山廊

诗情,不仅是把前人诗文的某些境界、场景在风景园林环境中以具体的形象复现出来,或者运用景名、匾额、楹联等文学手段对园景做直接的点题,而且在于借鉴文学艺术的章法、手法使得规划设计颇多类似文学艺术的结构。园内的游览路线绝非平铺直叙的简单道路,而是运用各种构景要素于迂回曲折中形成渐进的空间序列,也就是空间的划分和组合。划分,不流于支离破碎;组合,务求开合起承、变化有序、层次清晰。这个序列的安排一般必有前奏、起始、主题、高潮、转折、结尾,形成内容丰富多彩、整体和谐统一的连续的流动空间,表现了诗一般的严谨、精练的章法。在这个序列之中往往还穿插一些对比、悬念、欲抑先扬或欲扬先抑的手法,既在情理之中又在意料之外,更加强了犹如诗歌的韵律感。因此,人们游览中国古典风景园林,往往仿佛朗读诗文一样酣畅淋漓,这也是园林所包含着的"诗情"。而优秀的景园设计作品,则无异于凝固的音乐、无声的诗歌。

凡风景式园林作品都或多或少地具有"画意",都在一定程度上体现绘画的原则。中国的山水画不同于西方的风景画,前者重写意,后者重写形。可以说中国传统景园是把作为大自然的概括和升华的山水画以三维空间的形式复现到人们的现实生活中来,这在平地起造的人工山水园中尤为明显。

从假山尤其是石山的堆叠章法和构图经营上,既能看到天然山岳构成规律的概括、提炼,也能看到诸如"布山形、取峦向、分石脉""主峰最宜高耸,客山须是奔趋"等山水画理的表现,乃至某些笔墨技法如皴法、矶头、点苔等的具体模拟。可以说,叠山艺术把借鉴于山水画的"外师造化,中得心源"的写意方法在三维空间的情况下发挥到了极致。它既是园林里面复现大自然的重要手段,也是造园之因画成景的主要内容(见图2-8)。

风景园林的植物配置,要求在姿态和线条方面既显示自然天成之美,也要表现出绘画的意趣。因此,选择树木花卉就很受文人画所标榜的"古、奇、雅"的格调的影响,讲究体态潇洒、色香清隽,堪细细品味,有象征寓意。

风景园林建筑的外观,由于外露的木构件和木装修、各式坡屋面的举折起翘而表现出生动的线条美,还因木材的装饰、辅以砖石瓦件等多种材料的运用而显示出色彩美和质感美(见图2-9)。这些都赋予建筑的外观形象以一种富于画意的魅力。正因为建筑之富于画意的魅力,那些瑰丽的殿堂台阁把皇家景园点染得何等凝练、璀璨,宛若金碧山水画,恰似颐和园内一副对联的描写:"台榭参差金碧里,烟霞舒卷画图中。"而江南的私家园林,建筑物以其粉墙、灰瓦、褚黑色的装饰、通透轻盈的体态掩映在竹树山池间,其淡雅的韵致有如水墨渲染画,与皇家园林金碧重彩的皇家气派,又迥然不同。

图 2-8　假山

图 2-9　建筑屋顶装饰

　　由此可见,中国绘画与造园之间关系密切,这种关系历经长久的发展而形成"以画入园、因画成景"的传统,甚至不少风景园林作品直接以某个画家的笔意、某种流派的画风作为造园的蓝本。历代文人、画家参与造园蔚然成风,或为自己营造,或受他人延聘而出谋划策。专业造园匠师亦努力提高自己的文化素养,不仅风景园林的创作,乃至品评、鉴赏,莫不参悟于绘画。

　　当然,兴造风景园林比起在纸绢上做水墨丹青的描绘要复杂得多,因为造园必须解决一系列的实用、工程技术问题,并且园内的植物是有生命的,潺潺流水是动态的,生态景观随季相之变化而变化,随天候之更迭而更迭。再者,园内景物不仅可从固定的角度去观赏,而且要动态地去观赏,从上下左右各方位观赏,进入景中观赏,甚至园内景物观之不足,还把园外"借景收纳"作为园景的组成部分。所以,虽不能说每一座中国古典风景园林的规划设计都全面地做到以画入园、因画成景,但不少优秀的作品确实能够予人以置身画境、如游画中的感受。

4)意境的涵蕴

意境是中国艺术创作和鉴赏方面的一个极重要的美学范畴,简单来说,意境即创作者将主观的感情、理念熔铸于客观生活、景物之中,从而引发鉴赏者类似的情感激荡和理念联想。中国园林的意境是比直观的园林景象更为深刻、更为高级的审美范畴。 首先,景园蕴含了造园者的人生态度,造园者通过精彩的园林景观打动游人,使其在园中驻足,并通过景物中的题咏使其感悟到造园者所赋予景物的思想内涵。中国古典美学的"意境"说在园林艺术、园林美学中得到了独特的体现。风景园林由于具有诗画的综合性、三维空间的形象性,其意境内涵的显现比之其他艺术门类就更为明晰,也更易于把握。正是对"意境"的追求,使中国园林不同于其他国家园林而独树一帜。而"虽由人作,宛自天开"的咫尺山林正是中国园林所追求的"意境"。

意境的涵蕴既深且广,其表述的方式必然丰富多样,归纳起来,大体上有三种不同的情况:

第一,借助于人工的叠山理水把广阔的大自然山水风景缩移模拟于咫尺之间。所谓"一峰则太华千寻,一勺则江湖万里"不过是文人的夸张说法,这一峰、一勺应指风景园林中的具有一定尺度的假山和人工开凿的水体,它们都是物象,由这些具体的石、水物象而构成物境。太华、江湖则是通过观赏者的移情和联想,把物象幻化为意象,把物境幻化为意境。相应地,物境的构图美便衍生出意境的生态美,但前提条件在于叠山理水的手法要能够诱导观赏者往"太华"和"江湖"方面去联想,否则将会步入误区,如晚期叠山之过分强调动物形象等。所以说,叠山理水的创作,往往既重物境,更重由物境幻化、衍生出来的意境,即所谓"得意而忘象"。由此可见,以叠山理水为主要造园手段的人工山水园,其意境的涵蕴几乎无所不在,甚至可以称之为"意境园"了。

第二,预先设定一个意境的主题,然后借助于山、水、花木、建筑所构成的物境把这个主题表述出来,从而传达给观赏者以意境的信息。此类主题往往得之于古人的文学艺术创作、神话传说、奇闻轶事、历史典故乃至风景名胜等,这在皇家风景园林中尤为普遍。

第三,意境并非预先设定,而是在风景园林建成之后再根据现成物境的特征做出文字的"点题"——景题、匾、联、刻石等。通过这些文字手段的更具体、明确的表述,其所传达的意境信息也就更容易把握了。

运用文字信号来直接表述意境的内涵,表述的手法就更为多样化——状写、比喻、象征、寓意等,表述的范围也十分广泛——情操、品德、哲理、生活、理想、愿望、憧憬等。游人在游园时所领略的已不仅是眼睛能够看到的景象,而且有不断在头脑中闪现的"景外之景";不仅满足了感官(主要是视觉感官)上的美的享受,还能够唤起以往经历的记忆,从而获得不断的情思激发和理念联想,即"象外之意"。

苏州的拙政园内有两处赏荷花的地方,一处建筑物上的匾题为"远香堂",另一处为"留听阁",前者得之于周敦颐咏莲的"香远益清"句,后者出自李商隐"留得残荷听雨声"的诗句。一样的景物,由于匾题的不同给人以两般的感受,物境虽同而意境有殊。游人获得风景园林意境的信息,不仅通过视觉官能的感受或者借助于文字信号的感受,而且通过听觉、嗅觉的感受。诸如十里荷花、丹桂飘香、雨打芭蕉、流水叮咚都能以"味"入景、以"声"入景而引发意境的遐思。

如上所述,这四大特点乃是中国古典风景园林在世界上独树一帜的主要标志。它们的成长乃至最终形成,固然受政治、经济、文化等诸多复杂因素的制约,而从根本上来说,与中国传统的天人合一的哲理以及重整体观照、重直觉感知、重综合推衍的思维方式的主导也有着直接的关系。可以说,四大特点本身正是这种哲理和思维方式

在风景园林艺术领域内的具体表现。传统风景园林的全部发展历史反映了这四大特点的形成过程,风景园林的成熟也意味着这四大特点的最终形成。

2.1.2 西方传统风景园林的发展

一般认为,园林有东方、西方两大体系。东方以中国园林为代表,影响日本、朝鲜及东南亚,主要特色是自然山水、植物与人工山水、植物和建筑相结合。西方园林以英国、法国、意大利为代表,各有特色,基本以规则布局为主,以自然植物配置为辅。本书仅简单介绍古希腊、古罗马园林及意大利文艺复兴时期园林、法国古典主义园林、英国园林的演变概况。

1. 古希腊、古罗马园林

古希腊是欧洲文化的发源地,古希腊的建筑、园林开欧洲之先河,直接影响着古罗马、意大利及法国、英国等国的建筑、园林的风格。后来英国吸收了中国自然山水园的意境,融入造园之中,对欧洲造园也有很大影响。

1) 古希腊庭园、柱廊园

古希腊庭园的历史相当久远,公元前 9 世纪,古希腊有位盲人诗人荷马留下了两部史诗。史诗中歌咏了 400 年间的庭园状况,从中可以了解到古希腊庭园大的有 1.5 公顷,周边有围篱,中间为领主的私宅。庭园内花草树木栽植很规整,有终年开花或果实累累的植物,树木有梨、栗、苹果、葡萄、无花果、石榴和橄榄树等。园中还配以喷泉,并留有种植蔬菜的地方。特别在院落中间,设置喷水池或喷泉,其水法创作对当时及以后世界的造园工程产生了极大的影响,尤其对意大利、法国利用水景造园的影响更为明显。

古希腊的柱廊园,改进了波斯在造园布局上结合自然的形式,而变成了喷水池占据中心位置,使自然符合人的意志,成为有秩序的整形园。把西亚和欧洲两个系统的早期庭园形式与造园艺术联系起来,起到了过渡的作用。

意大利南部的庞贝城邦,早在公元前 6 世纪就有希腊商人居住,并带来了希腊文明,在公元前 3 世纪此城已发展为 2 万居民的商业城市。变成罗马属地之后,又有很多富豪、文人来此闲居,建造了大批的住宅群,这些住宅群之间都设置了柱廊园。从 1784 年发掘的庞贝古城遗址中可以清楚地看到柱廊园的布局形式,柱廊园有明显的轴线,方正规则(见图 2-10)。每个家族的住宅都围成方正的院落,沿周排列居室,中心为庭园,围绕庭园的边界是一排柱廊,柱廊后边和居室连在一起。

图 2-10 庞贝古城

2）古罗马庄园

意大利东海岸，强大的城邦罗马征服了庞贝等广大地区，建立了奴隶制的古罗马帝国。古罗马的奴隶主贵族们又兴起了建造庄园的风气。意大利是伸入地中海的半岛，半岛多山岭溪泉，并有曲长的海滨和谷地，气候湿润，植被繁茂，自然风光极为优美。古罗马贵族占有大量的土地、人力和财富，极尽奢华享受。他们除在城市里建有豪华的宅第之外，还在郊外选择风景极美的山阜营宅造园，在很长一个时期里，古罗马山庄式的园林遍布各地。古罗马的造园艺术吸取了西亚、西班牙和古希腊的传统形式，特别对水法的创造更为奇妙。古罗马庄园又充分地结合原有山地和溪泉，逐渐发展成具有古罗马特点的台地柱廊园。

公元 117 年，哈德良大帝在古罗马东郊梯沃里建造的哈德良山庄最为典型。哈德良山庄占地大约 18 km²，由一系列宫殿、庭院组成。山庄中有处理政务的殿堂、起居用的房舍、健身用的厅室、娱乐用的剧场等，层台柱廊罗列，气势十分壮观（见图 2-11）。特别是将皇帝巡视全国时，在全疆所见到的异境名迹都仿造于山庄之内，形成了古罗马历史上首次出现的最壮丽的建筑群，同时也是最大的苑园，如同一座小城市，堪称"小罗马"。

图 2-11　哈德良山庄

古罗马大演说家西塞罗的私家园宅有两处，一处在罗马南郊海滨，另一处在罗马东南郊。还有古罗马学者蒲林尼在罗林建的别墅，这类山庄别墅文人园在当时很有盛名。到公元 5 世纪时，古罗马帝国造园达到极盛时期，据记载，当时古罗马附近有大小庭园的宅第多达 1780 所。《林泉杂记》（考勒米拉著）曾记述公元前 40 年古罗马庭园的概况，发展到公元 400 年后，达到兴盛的顶峰。古罗马的山庄或庭园都是很规整的，如图案式的花坛、修饰成形的树木，更有迷宫式绿篱，绿地装饰已有很大的发展，园中水池更为普遍。公元 5 世纪以后的 800 多年里，欧洲处于黑暗时代，造园也处于低潮。但是由于十字军东征带来了东方植物及伊斯兰教造园艺术，修道院的寺园则有所发展，寺园四周环绕着传统的古罗马廊柱，其内修成方庭，方庭分区或分庭里边栽植着玫瑰、紫罗兰、金盏草等，还专将药草园和蔬菜园设置在医院和食堂的附近。

2. 意大利文艺复兴时期园林

16 世纪，欧洲以意大利为中心兴起文艺复兴运动，冲破了中世纪封建教会的黑暗桎梏，意大利的造园出现了以庄园为主的新面貌。其发展分为文艺复兴初期、中期、后期三个阶段，各阶段所造庄园有不同的特色。

1）文艺复兴初期的庄园（台地园）

意大利佛罗伦萨是一个经济发达的城市，富裕的阶层醉心于豪华的生活享受，享受的主要方式是追求华丽的庄园别墅,因此营造庄园或别墅在佛罗伦萨乃至意大利的广大地区逐渐展开。这一时期,建筑师阿尔伯蒂著有《建筑论》,在这本书里着重论述了庄园或别墅的设计内容,并提出了一些优美的设计方案,进一步推动了庄园的发展。佛罗伦萨的执政者科西莫·美第奇首先建造了第一所庄园,其后他的儿孙们又继续营建多处,取名美第奇庄园(见图2-12)。美第奇庄园有三层台地,顺南坡而上,别墅建在最上层台地的西端,称为台地园(见图2-13)。第二层台地狭长,用以连接上下两层台地。中间台地的两侧有低平的绿地,其中对称的水池和植坛显得活泼自由、富有变化,在别墅的后边还有椭圆形水池。这一时期还有狩猎园的形式,多为贵族们所营造,周围设有防范用的寨栅,其内以矮墙分隔,放养许多禽兽,中心有大水池,高处堆土筑山,其上建有望楼,各处遍植林木,林中还建有教堂。另外还有由鲍奇沃和罗仑伦等人建的雕塑庄园,尽收古代雕塑放在庄园内展览,成为花园式的博物馆。

图 2-12　美第奇庄园

图 2-13　台地园

文艺复兴初期庄园的形式和内容大致如下:依据地势高低开辟台地,各层次自然连接;主体建筑在最上层台地上,保留城堡式传统;分区简洁,有树坛、树畦、盆树,并借景于园外;喷水池在一个局部的中心,池中有雕塑。

2) 文艺复兴中期的庄园

公元15世纪,佛罗伦萨被法国查理八世侵占,美第奇家族覆灭,佛罗伦萨文化解体,意大利的商业中心随之转移到了罗马,同时,罗马也成为意大利的文化中心。15世纪时司歇圣教皇控制了局势,各地的学者和名家又向罗马聚集,到 16 世纪时,罗马教皇集中全国建筑大师兴建巴斯丁大教堂。佛罗伦萨的富户和技术专家们也纷纷来到罗马营建庄园,一时罗马地区的山庄兴盛起来。

红衣主教邱里沃的别墅建于马里屋山上,马里屋山上水源丰富,附近有河流和大道通过。邱里沃别墅由圣高罗和拉斐尔二人设计,先在半山中开辟台地,每层台地之中都有大的喷水池和大的雕像,中轴明显,两侧对称布置树坛。主建筑的前后有规则的花坛和整齐的树畦。台地层次、外形规整,连接各层台地设有蹬道,而且阶梯有直、有折、有弧旋等各种变化,水池在纵横道的交点上,植坛规则布置。

公元 16 世纪中后期,在罗马出现了被称为巴洛克式的庄园。巴洛克(Baroque)本来是一种建筑形式,意思是奇异古怪。巴洛克式庄园则被认为是打破刻板,追求自由奔放,并富于色彩和装饰变化,形成了一种新风格,比较典型的是埃斯特庄园。公元 1550 年,罗马红衣主教埃斯特在罗马郊区蒂沃利的一座山上建造了一处宏伟的庄园。这座山阜高 48 m,自山麓到山顶开辟出五层台地,西边砌筑高大的挡土墙以保证台地的宽度。最上层台地建有极为华丽的楼馆宅舍。山麓宽大平整的台地做进口,也是前庭,由纵横道路分割为 4 块小区构成绿丛植坛,密植阔叶树丛。中心有圆形的小喷泉广场,周围配植高大的丝杉。从园门向内透视有层层磴道,透过中部喷泉,可以看到高踞顶端的住宅建筑,主轴效果极佳。正门的两侧有便门对应着两条纵向副轴线,前庭区的外围还有 4 座迷园。主轴线的中部有一大型水池,与这个水池相连的是弧形蹬道阶梯,两侧对称排列 8 块绿树植坛,规则严谨,整齐配植花木。东边尽头留有水边扶梯和瀑布,由水渠疏通山泉分流而成,发出各种抑扬缓急的水声(见图 2-14)。在半圆形的柱廊里可观赏瀑布,在椭圆形大水池边可观赏壁龛中的雕塑,又可沿着水边扶梯上到高处俯视全园。从庄园中心大水池外侧的扶梯上行,顺着中轴大道前进,越过两段蹬道,就进入第四层台地园,中轴两侧对称的是"水"字形的道路,几何状的植坛甚为规整(见图 2-15)。第五层台地上边有主体建筑,建筑物的前边是宽阔的广场,广场与楼门相接处或广场与第四层台地相接处都设有极其壮观的折回式扶梯蹬道,与楼馆相衬越发显得美妙,广场左右两边是花坛或整形的花木。

图 2-14　水风琴

图 2-15　百泉路

3)文艺复兴后期的庄园

公元 17 世纪开始,巴洛克式建筑风格已渐趋成熟定型,人们反对墨守成规的古典主义艺术,而要求艺术更加自由奔放,富于生动活泼的造型、装饰和色彩。这一时期的庄园受到巴洛克浪漫风格的很大影响,在内容和形式上富于新的变化。16 世纪末到 17 世纪初,罗马城市发展得很快,住房拥挤,街道狭窄,环境卫生也很恶劣。意

大利人长期在这种难堪的环境中生活已感厌倦,一些权贵富户们不能再忍受,纷纷追求自由舒适的"第二个家",以便远离繁杂的闹市去享受田园生活,在多斯加尼一带兴起了选址造园的风尚,一时庄园遍布。这时的庄园,在规划设计上比中期埃斯特庄园更为新奇和奔放,建筑或庄园刻意追求技巧或致力于精美的装饰、强烈的色彩,如布拉地尼等几十处新庄园,明快如画。

这时的庄园,注重境界的创造,极力追求主题的表现,形成美妙的意境。常对一些局部单独塑造,以体现各具特色的优美效果,将园内的主要部位或大门、台阶、壁龛等作为视景焦点而极力加工处理,在构图上运用对称、几何图案或模纹花坛等。但是,有些庄园过分雕琢,对四周景色照顾不够,总体布局欠佳。

3. 法国古典主义园林

公元 15—16 世纪,法国和意大利曾发生三次大规模的战争,意大利文艺复兴时期的文化,特别是意大利文艺复兴时期的建筑形式传入了法国。

1)城堡园

16 世纪时,法兰西贵族和封建领主都有自己的领地,中间建有领主城堡,佃户经营周围的土地。领主不仅收租税,还掌管司法治安等地方政权,实际上是小独立王国的国王。城堡如同小宫廷,城堡建筑和庄园结合在一起,周围多是森林式栽植,并且尽量利用河流或湖泊造成宽阔的水景。从意大利传入的造园形式仅仅反映在城堡墙边的方形地段上布置少量绿丛植坛,并未和建筑联系成统一的构图内容。法兰西贵族或领主具有狩猎游玩的传统,其领地多广阔的平原地带,森林茂密,水草丰盛。狩猎地常常开出直线道路,形成纵横或放射状的道路系统,这样既方便游猎,也成为良好的透景线。文艺复兴时期以前的法兰西庄园是城堡式的,在地形、理水或植树等方面都比意大利简朴得多。

16 世纪以后,法兰西宫廷建筑中心迁移到巴黎附近。巴黎附近地区一时出现了很多新的官邸和庄园,贵族们更加追求穷奢极欲的生活方式,而古典式的城堡建筑就无太大必要了。意大利文艺复兴时期的庄园被接受过来,形成平地几何式庄园。

2)凡尔赛宫苑

17 世纪,法国国王路易十三战胜各个封建诸侯统一了法兰西全国,并且远征欧洲大陆。到路易十四时(1661—1715 年)夺取将近 100 块领土,建立起君主专治的联邦国家。法国成了生产和贸易大国,开始有了与英国争夺世界霸权的能力,此时法兰西帝国处于极盛时期。路易十四为了显示他至尊无上的权威,建立了凡尔赛宫苑。凡尔赛宫苑是西方造园史上最为光辉的成就,由勒诺特大师设计建造,勒诺特是一位富有广泛绘画和造园艺术知识的建筑师。

凡尔赛原是路易十三的狩猎场,只有一座三合院式砖砌猎庄,在巴黎西南。1661 年,路易十四决定在此建宫苑,历经不断规划设计、改建、增建,至 1756 年路易十五时期才最后完成,共历时 90 余年(见图 2-16)。主要设计师有法国著名造园家勒诺特、建筑师勒沃、学院派古典主义建筑代表孟萨等。路易十四有意保留原三合院式猎庄作为全宫区的中心,将墙面改为大理石,称"大理石院"。勒沃在其南、西、北扩建,延长南北两翼,成为御院,御院前建辅助房作为前院,前院之前为扇形练兵广场,广场上筑三条放射形大道。1678—1688 年,孟萨设计凡尔赛宫南北两翼,总长度达 402 m。南翼为王子、亲王住处,北翼为中央政府办公处、教堂、剧院等。宫内有连列厅,很宽阔,有大理石楼梯、壁画与各种雕像。中央西南为宫中主大厅(称镜廊),宫西为勒诺特设计、建造的花园,面积约 6.7 km²,园分南、北、中三部分。南、北两部分都为绣花式花坛,再南为橘园、人工湖;北面花坛有密林包围,景色幽雅,有一条林荫路向北穿过密林,尽头为大水池、海神喷泉,园中央开一对水池。3 km 长的中轴向西穿过林园到达小林园、大林园（合称十二丛林）。穿小林园的称王家大道,中央设草地,两侧奉雕刻。道东为池,池内立阿波罗母亲塑像,道西端池内立阿波罗驾车冲出水面的塑像,两组塑像象征路易十四"太阳王",表明王家大道歌颂太阳神的主题。中轴线进入大林园后与大运河相接,大运河为"十"字形,两条水渠成十字相交构成,纵长1500 m,横长1013 m,宽为120 m,使空间具有更为开阔的意境。大运河南端为动物园,北端为特里阿农殿。因由勒诺特设计、建造,此园成为欧洲造园的典范,一些国家竞相模仿。

图 2-16　凡尔赛宫苑

凡尔赛宫苑是法国古典建筑与山水、丛林相结合的一座规模宏大的宫苑,在欧洲影响很大,一些国家纷纷效法,但多为生搬硬套,反成了庸俗怪异、华而不实的不伦不类的东西,幸好此风为时不长即销声匿迹。可见艺术的借鉴是必要的,而模仿是无出路的,借鉴只是为了创造、出新。

4. 英国园林

英国是海洋包围的岛国,气候潮湿,国土基本平坦或为缓丘地带。古代英国长期受意大利政治、文化的影响,受罗马教皇的严格控制,但其地理条件得天独厚,民族传统观念较稳固,有其自己的审美传统与兴趣、观念,尤其对大自然的热爱与追求,形成了英国独特的园林风格。14 世纪之前,英国造园主要模仿意大利的别墅、庄园,园林的规划设计为封闭的环境,多构成古典城堡式的官邸,以防御功能为主。14 世纪起,英国所建庄园转向了追求大自然风景的自然形式。17 世纪,英国模仿法国凡尔赛宫苑,将官邸庄园改建为法国景园模式的整形苑园,一时成为其上流社会的风尚。18 世纪,英国工业与商业发达,成为世界强国,其造园吸取中国景园、绘画与欧洲风景画的特色,探求本国新的风景园林形式,出现了自然风景园。

1）英国传统庄园

英国从 14 世纪开始,改变了古典城堡式庄园,形成与自然结合的新庄园,对其后园林文化及传统影响深远。新庄园基本上分布在两处:一是庄园主的领地内丘阜南坡之上,一是城市近郊。前者称"杜特式"庄园,利用丘阜起伏的地形与稀疏的树林、草地,以及河流或湖沼,构成秀丽、开阔的自然景观,在开朗处布置建筑群,使其处于疏林、草地之中。这类庄园一般称为"疏林草地风光",概括其自然风景的特色。庄园的细部处理也极尽自然格调,如用有皮木材或树枝做棚架、栅篱或凉亭,周围设木柱、栏杆等。城市近郊庄园,外围设隔离高墙,高度以便于借景为宜。园中央或轴线上筑土山,称"台丘",台丘上或建亭,或不建亭。一般台丘为多层,设台阶,盘曲蹬道相通。园中也常模仿意大利、法国的绿丛植坛、花坛,而建正方形或长方形植坛,以黄杨等做植篱,组成几何图案,或修剪成各种样式。

2）英国整形园

17 世纪 60 年代起，英国模仿法国凡尔赛宫苑，刻意追求几何整齐植坛，而使园林出现了明显的人工雕饰，破坏了自然景观，丧失了自己优秀的传统，如伊丽莎白皇家宫苑、汉普顿园等。这些庄园一律将树木、灌木丛修剪成建筑物形状、鸟兽物象和模纹花坛，园内各处布置奇形怪状，而原有的乔木、树丛、绿地却遭严重破坏。培根在其《论园苑》中指出：这些园充满了人为意味，只可供孩子们玩赏。1685 年，外交官 W. 坦普尔在《论伊壁鸠鲁式的园林》一文中说：完全不规则的中国园林可能比其他形式的园林更美。18 世纪初，作家 J. 艾迪生也指出："我们英国园林师不是顺应自然，而是喜欢尽量违背自然""每一棵树上都有刀剪的痕迹"。英国的教训实为后世之鉴，也为英国自然风景园的出现创造了条件。但是，其整形园后来也并未绝迹，在英国影响久远。

3）英国的自然风景园

18 世纪英国工业革命使其成为世界上头号工业大国，国家经济实力大为改观，原始的自然环境开始遭到工业发展的威胁，人们更为重视自然保护，热爱自然。当时英国生物学家大力提倡造林，文学家、画家发表了较多颂扬自然树林的作品，并出现了浪漫主义思潮。庄园主对刻板的整形园也感厌倦，加上受中国园林等的启迪，英国园林建筑师开始从自然风景中汲取营养，逐渐形成了自然风景园的新风格。

园林师 W. 肯特在园林设计中大量运用自然手法，改造了白金汉郡的斯托乌府邸园。园中有形状自然的河流、湖泊，起伏的草地，自然生长的树丛，弯曲的小径。继其后，他的助手 L. 布朗又加以彻底改造，除去一切规则式痕迹，全园呈现出牧歌式的自然景色。此园一成，人们为之耳目一新，争相效法，形成了"自然风景学派"，自然风景园相继出现。

18 世纪末，布朗的继承者雷普顿改进了风景园的设计。他将原有庄园的林荫路、台地保留下来，在高耸建筑物前布置整形的树冠，如圆形、扁圆形树冠，使建筑线条与树形相互映衬。运用花坛、栅架、栅栏、台阶作为建筑物向自然环境的过渡，把自然风景作为各种装饰性布置的壮丽背景。这样做迎合了一些庄园主对传统庄园的怀念，而且将自然景观与人工整形景观结合起来，可以说也是一种艺术综合的表现。但他的处理艺术并不理想，正如有人指出的：走进园中看不到生动、惊异的东西。

1757 年和 1772 年，英国建筑师、园林师 W. 钱伯斯利用他到中国考察所得，先后出版了《中国的建筑、家具、服饰、机械和器皿之设计》《东方造园论》两本著作，主张英国风景园林中要引进中国情调的建筑小品。受他的影响，英国出现了英中式风景园林，但与中国造园风格结合得并不理想，并未达到一种自然、和谐的完美境界，与中国的自然山水园相去甚远。

2.2 建筑基本知识

2.2.1 中国古建筑发展

中国古建筑经历了缓慢的原始社会的萌芽、奴隶社会的发展、隋唐的成熟、元朝的衰败和明清的再度兴盛，经历万千年时间的风云变化,形成了有别于欧洲的、能彰显民族特色的独特的建筑风格。不同历史时期、不同地域特点、不同功能类型的建筑又表达出不同的文化气质。

我们可以将中国建筑史分为以下几个阶段。

1. 原始社会建筑

原始社会的一切发展都极为漫长和缓慢,建筑也不例外。天然的岩洞是目前国内已知的人类最早居住的地方。除此之外,巢居也是一种原始的居住方式,主要集中在地势低洼、虫蛇较多的地方。此时期的生产方式以狩猎和采集为主,主要使用石器工具,生产力极其低下。

直到进入氏族社会,建筑才从地下发展为半地下再逐步发展为两种具有代表性的房屋类型:分别由长江流域的巢居和黄河流域的穴居发展而成的干栏式建筑和木骨泥墙房屋。

浙江余姚河姆渡村是干栏式建筑代表案例(见图 2-17)。这是我国已知最早采用榫卯技术构筑木结构房屋的一个实例。木构件遗物有柱、梁、枋、板等,许多构件上都带有榫卯,有的构件还有多处榫卯。西安半坡村遗址是木骨泥墙房屋代表案例。平面有长方形和圆形两种,墙体和屋顶多采用木骨架上扎结枝条后涂泥的做法。室内墙面、地面有细腻抹面或烧烤表面使之陶化避潮。

图 2-17　浙江余姚河姆渡村

这一时期建筑主要是满足最基本的居住功能和简单的公共活动功能需求。原始村落已有初步的规划布局。祭坛和神庙这两种祭祀建筑也在各地原始社会文化遗存中被发现。

2. 奴隶社会建筑

随着石器的发展和金属工具的出现,生产力得到了发展而社会产品有了剩余,这使得一部分人摆脱体力劳动而专门从事社会管理和文化科学活动,从而产生了私有制和剥削阶级。原始社会开始解体,奴隶社会产生。社会的变革带来了建筑技术、材料、形式的发展。

1)夏

考古学上对夏文化仍在探索之中。许多考古学家认为,河南偃师二里头遗址是夏末都城——斟鄩。在该遗址中发现了大型宫殿和中小型建筑数十座,其中一号宫殿规模最大。

夯土台上有面阔 8 间殿堂一座,殿堂柱列整齐,前后左右相对应,各间面阔统一,木构架技术已有了较大提高。殿堂周围有回廊环绕,南面有门的遗址,反映了我国早期封闭庭院的面貌。在夏代至商代早期,中国传统的院落式建筑群组合已经开始走向定型。

2）商

公元前17世纪建立的商朝是我国奴隶社会的大发展时期，青铜工艺纯熟，手工业分工明确。手工业、生产工具的进步以及奴隶劳动的集中，使得建筑技术水平有了明显提高。已发现多座商朝前期城址（见图2-18）。

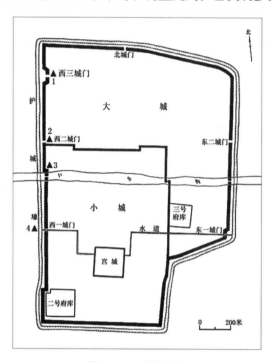

图2-18　商朝城址

城市已经有了简单的功能分区，并且已经有了宫城、内城、外城的组成结构。

3）西周

西周推行宗法分封制度，奴隶主内部规定了严格等级，城市的规模、城墙高度、道路宽度以及各种重要建筑物都必须按等级建造。具有代表性的建筑遗址有陕西岐山凤雏村的早周遗址（见图2-19）和湖北蕲春的干栏式建筑。

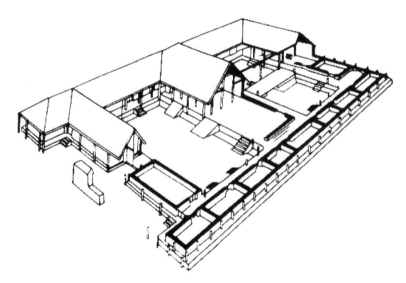

图2-19　陕西岐山凤雏村建筑遗址

4）春秋

春秋时期，由于铁器和耕牛的使用，社会生产力水平有了很大提升，手工业和商业相应发展。封建生产关系开始出现。

瓦开始得到普遍使用，作为诸侯宫室的高台建筑开始出现。随着诸侯日益追求华丽，建筑装饰与色彩也更为发展。

3. 封建社会前期建筑（战国至南北朝，公元前 475—公元 589 年）

1）战国

战国时期，地主阶级相继争夺政权，宣告了奴隶制时代的结束。战国时期手工业、商业发展，城市繁荣，城市规模日益增大，出现了城市建设的高潮。据《史记·苏秦列传》记载，当时齐国临淄居民达到了 7 万户，街道上车毂相击，人肩相摩，热闹非凡。

2）秦

秦统一六国，并且集中人力物力与六国技术成就在咸阳修筑了都城、宫殿、陵墓、长城等，建筑类型如皇家建筑、礼制建筑都有所发展，建筑组群也更加成熟。秦都咸阳具有独创性，它摒弃传统的城郭制度，在渭水南北修建了许多离宫。阿房宫遗址和秦始皇陵的规模空前之大，反映了秦始皇的穷奢极欲。

据《史记·秦始皇本纪》记载："前殿阿房东西五百步，南北五十丈，上可以坐万人，下可以建五丈旗，周驰为阁道，自殿下直抵南山。表南山之巅以为阙，为复道，自阿房渡渭，属之咸阳。" 其规模之大，可以想见。

3）汉

整个汉代处于封建社会的上升时期，社会生产力的发展使其建筑技术也显著进步，形成中国古建筑史上的又一个繁荣时期。西汉时期都城长安建造了大规模的宫殿、坛庙、陵墓、苑囿以及一些其他的礼制建筑。汉代基本继承了秦文化，全国的建筑风格趋于统一，主要表现在木构架建筑逐渐成熟，砖石结构和拱券结构有很大的发展。

木构架虽无遗物，但根据当时的画像砖、画像石、明器、陶屋等间接资料来看，后世常见的抬梁式和穿斗式两种主要木结构已经形成。作为中国古代木构架建筑显著特点之一的斗拱，在汉代已经普遍使用，在东汉的画像砖、明器、石阙上都可以看到种种斗拱的形象。

随着木结构技术的进步，作为中国古代建筑特色之一的屋顶，形式也多样起来，以悬山顶和庑殿顶最为普遍，歇山顶与囤顶也已使用。

4）三国、晋、南北朝

这个时期我国政治极不稳定，战争破坏严重，国家长期处于分裂状态。由于社会生产力发展较慢，建筑上的创新创造较少，基本是继承和运用汉代的成就。这个时期两个突出的建筑成就，第一是佛教建筑，第二是园林艺术。园林艺术在本节不再赘述。

佛教在东汉初就已传入中国，统治阶级予以大力提倡，兴建了大量佛寺、佛塔和石窟。北魏时洛阳许多佛寺由贵族官僚的宅邸改建而成，《洛阳伽蓝记》有详细记载，中间置塔，四面有门，塔后为佛殿。所谓"舍宅为寺"，是将前堂改为大殿，后堂改为讲堂，这样可以节省人力物力。木构架的佛寺，庭院式的布局让佛寺逐渐变得中国化。当时佛塔按材料分有木塔、砖塔和石塔，分别对应不同塔的形式——楼阁式塔、密檐塔和单层塔。木塔目前无一留存，而北魏时所建造的河南登封嵩岳寺密檐塔，是我国现存最早的佛塔。

石窟寺是在山崖上开凿出来的洞窟型佛寺。在我国，汉代已有大量岩墓，掌握了开凿岩洞的施工技术。佛教从印度传入中国后，开凿石窟寺的风气在全国迅速传播开来。其中著名的有山西大同云冈石窟、河南洛阳龙门石窟、山西太原天龙山石窟等。从建筑功能布局上看，石窟可以分为三种：一是塔院型，在印度称支提窟（caitya），即

以塔为窟的中心;二是佛殿型,窟中以佛像为主要内容,相当于一般寺庙中的佛殿,这类石窟较普遍;三是僧院型,窟中置佛像,周围凿小窟若干,每小窟供一僧打坐,这种石窟数量较少。

4. 封建社会中期建筑(隋至宋,581—1279年)

1)隋

隋朝统一中国,为社会经济、文化发展创造了条件。建筑上主要是兴建都城——大兴城和东都洛阳(这两座都城都被唐朝所继承,进一步扩建为东西二京),以及大规模建造宫殿和苑囿,并开南北大运河、修长城等。隋代留下的著名的建筑物有河北赵县安济桥。

2)唐

唐朝前百余年处于相对稳定的局面,社会经济文化都空前繁荣,是我国封建社会经济文化发展的高潮时期,建筑技术和艺术都有巨大的发展。

城市建设方面:唐朝首都长安城继承了隋朝大兴城,又在此基础上扩建,形成了规模宏大、规划严整的布局,对我国以及日本的都城建设都产生了很大的影响。

建筑组群方面:加强了城市总体规划,是里坊制施行的全盛时期。宫殿、陵墓等建筑也加强了突出主体建筑的空间组合,强调了纵轴方向的陪衬手法。

木构架方面:木建筑解决了大面积、大体量的技术问题,并且已经定型化。现存的木建筑遗物反映了唐代建筑艺术加工和结构的统一,所有构件都具有一定的结构上的作用,不会仅作为装饰而存在。从现存的佛光寺大殿来看,其木架结构,特别是斗拱部分的构件形式及用料都已规格化,说明当时可能已经有了用材制度。

砖石建筑方面:佛塔采用砖石构筑增多。木塔易燃,常遭火灾且不耐久,所以现存的木塔较少,而砖石塔较多。唐时砖石塔的外形已经开始朝仿照木建筑的方向发展,雕刻出柱、枋、简单的斗拱等,反映了对传统建筑式样的继承和对砖石材料加工渐趋精致成熟。

3)宋

北宋在政治和军事上是我国古代史上较为衰弱的朝代,但在经济、农业、手工业和商业方面都有发展,使建筑水平也达到了新的高度。

城市建设方面:城市结构和布局有了根本性的变化。因为商业发展的需要,宋东京取消里坊制度和夜禁,呈现一座和唐朝截然不同的商业城市面貌。

木构架方面:北宋时政府颁布了《营造法式》,把"材"作为造屋的尺度标准。材分八等,按照屋宇的大小、主次量屋用材。它是唐朝用材制度的书面化表达,也对之后的历代建筑造成了极大的影响。

5. 封建社会后期建筑(元、明、清,1279—1911年)

1)元

元代统治者崇信宗教,佛教、道教、伊斯兰教、基督教等都有所发展,使宗教建筑异常兴盛。尤其是藏传佛塔,如北京的妙应寺白塔,成了我国佛塔的重要类型之一。

木构架方面:继承了宋、金的传统,但是因为社会经济的凋零和木材短缺而不得不采用了种种节约措施。一般建筑加工粗糙,用料草率,简化构件。这些措施具有一定的积极影响,简化了宋代过于繁多的装饰,节约了材料并且加强了结构本身的整体性和稳定性。

2)明

明朝社会经济得到了恢复和发展,明晚期,在封建社会的内部已经孕育着资本主义的萌芽。建筑也有一定的发展。

建筑组群方面：建筑群的布置愈加成熟，从现存的很多实例中可以看出，如陵墓建筑群南京明孝陵和北京明十三陵，以及北京天坛、北京故宫。

明清北京故宫的布局也是明代形成的，它以严格对称布局、层层门阙殿宇和庭院空间相连接组成的庞大建筑群来凸显"君权"。这种极端严肃的布局是中国封建社会末期君主专制制度的典型产物。

木架构方面：经过元代的简化，明代形成了新的定型的木构架，斗拱的结构作用减小，装饰作用增大。梁柱构架整体性加强，构件卷杀简化，等等。

砖石建筑方面：砖已普遍用于民居砌墙，并应用空斗墙，节省了用砖量，推动了砖的普及。随着砖的发展，出现了全部用砖砌成的建筑物——无梁殿，多作为防火建筑。

装饰装修方面：官式建筑的装修、装饰日趋定型化。建筑色彩因运用了琉璃瓦、红墙、汉白玉台基、青绿点金彩画等鲜明色调而产生了强烈的对比和极为富丽的效果。

3）清

清朝在政治经济上的控制和压迫极为残酷，但为巩固其统治，清初也采取了一些安定社会、恢复生产的措施。在建筑上，大体承袭了明代传统，但自身也有一些发展。

群体布局方面：简化单体设计，提高群体与装修设计水平。清朝官式建筑在明代定型化的基础上，颁行了《工程做法》，用官方规划的形式固定下来。

园林方面：清代帝王苑囿规模之大、数量之多，是之前任何朝代都无法比拟的，达到了园林建造的极盛期。

建筑方面：藏传佛教建筑兴盛，各地藏传佛教建筑的做法大体都采取平顶房和坡顶房相结合的方法，也就是藏族建筑与汉族建筑相结合的方式。住宅建筑百花齐放，各地各民族由于生活习惯、文化背景、建筑材料、构造方式、地理气候条件的不同，其居住建筑千变万化。

中国古代建筑历经各朝各代时而缓慢时而快速的发展，逐步形成了一种成熟的、独特的体系，不论在城市规划、建筑群、园林、民居等方面，还是在建筑空间处理、建筑艺术与材料结构的和谐统一、设计方法、施工技术等方面，都有卓越的创造与贡献。

2.2.2　西方古建筑发展

1. 古希腊、古罗马建筑

古希腊是欧洲文化的发源地，其建筑开创了欧洲建筑的先河，形成了以柱式为主要结构、以神庙为主要样式的建筑体系。而古罗马建筑是古希腊建筑的继承和发展，它将柱式与拱券完美结合，以其辉煌的拱券和公共建筑向世界展示它的魅力。古希腊与古罗马建筑的不同主要体现在梁柱结构与拱券结构的不同，而其中建筑气质的不同又来自自然与城市、神的信仰与人的真实的不同。

1）古希腊建筑

古希腊建筑是指公元前 9 世纪到公元前 1 世纪在古希腊地区兴建的建筑，是古希腊文化和社会制度的重要组成部分，也是西方建筑史上的重要篇章之一。古希腊建筑经历了不同的历史时期，受到了不同地域文化的影响，包括神庙、剧场、体育场和私人住宅等不同类型。

在建筑设计中，古希腊人注重比例、对称和简洁，追求艺术与技术的完美结合，产生了很多著名的建筑杰作，如雅典卫城、帕特农神庙、奥林匹亚体育场、柱廊、三角前庭、壁龛和希腊式立柱等，对后世建筑产生了深远的影响。

　　柱廊是古希腊建筑的一个重要组成部分,是由一排立柱和柱间的梁组成的。柱廊是提供阴凉和遮雨的场所,同时也是古希腊建筑中最具装饰性的元素之一。柱廊的形式包括伊奥尼亚式、多利亚式和科林斯式,分别代表了不同的时期和地区风格。

　　三角前庭是古希腊神庙前面的一块三角形状的空地,中央通常放置神像。这种设计形式体现了古希腊人对神灵的信仰和敬畏之情。

　　壁龛是指墙上凹陷的半圆形空间,通常用来放置雕像或装饰品。在古希腊建筑中,壁龛通常被用来装饰建筑立面,为建筑增添了一份艺术感和立体感。

　　希腊式立柱是古希腊建筑中最为经典的设计元素之一,分为伊奥尼亚式、多利亚式和科林斯式三种。这些立柱的造型优美、精致,被广泛运用于古希腊建筑中。

　　2)古罗马建筑

　　古罗马建筑同样也是西方建筑史上的重要篇章,它的特点是宏伟、庄严、坚实和精密。古罗马建筑不仅注重功能和实用性,而且注重艺术性和装饰性,设计和建造技术也十分精湛。

　　古罗马建筑最重要的建筑类型是公共建筑,如竞技场、剧院、浴场、市场和公共广场等。这些建筑物都十分宏伟壮观,体现了古罗马人的雄心和实力。此外,古罗马还有许多宏伟的宗教建筑,如万神殿(见图2-20)、帕拉蒂诺山神庙等,这些建筑都体现了古罗马人对神的虔诚信仰和敬畏之情。

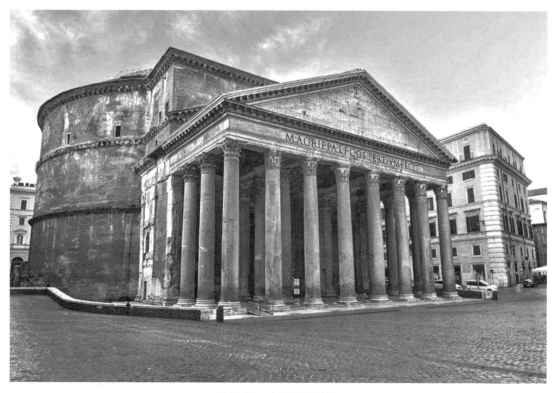

图 2-20　古罗马万神殿

　　古希腊和古罗马建筑对建筑学和艺术领域的影响远远超出了欧洲地区,它们被广泛地传播和接受,成为全球文明和文化的重要组成部分。这些建筑也影响了许多现代建筑风格,如新古典主义风格和装饰艺术风格等。在建筑设计、城市规划、室内设计和景观设计等方面,这些建筑元素和设计原则被广泛运用。

2. 拜占庭建筑

拜占庭建筑是指发源于拜占庭帝国的建筑风格,主要存在于公元4世纪至15世纪的东罗马帝国和拜占庭帝国的领土上。它融合了罗马和希腊的建筑风格,同时又受到了基督教文化的影响,形成了独特的建筑风格。

拜占庭建筑最著名的特点就是穹顶(见图2-21)。穹顶是拜占庭建筑中最具有装饰性和神圣感的元素之一,它是由圆形、半圆形或多边形的凸起结构构成的。穹顶采用了钢筋混凝土、砖石和大理石等材料,可以支撑超大面积的建筑,因此常常被用于大型教堂和宫殿等建筑物中。

图2-21　拜占庭建筑

拱形结构和拱廊是拜占庭建筑中的重要元素,可以起到加强结构、提高稳定性和增加空间感的作用,赫拉克利翁神庙正面的柱廊是一个典型的例子。拜占庭建筑的装饰十分丰富多彩,其中最具代表性的就是装饰性砖雕和马赛克。这些装饰可以用来表达宗教和政治意义,也可以作为美学表现。

金色圆顶是拜占庭建筑中的一个标志性元素,它通常用于教堂。金色圆顶用金箔和其他宝石装饰,可以反射阳光和灯光,产生华丽的效果,同时也被视为神圣的象征。拜占庭建筑对欧洲和世界的影响也十分显著,例如,罗马尼亚议会宫和圣索菲亚大教堂都是受到拜占庭建筑的影响而建造的。

3. 文艺复兴时期建筑

文艺复兴时期是欧洲历史上的一个重要时期,它标志着人文主义思想的兴起和艺术复兴。在建筑方面,文艺复兴时期的建筑风格深受古希腊和古罗马建筑的影响,同时也吸收了哥特式建筑的某些元素。

在此期间,建筑师们重新发现了古希腊和古罗马建筑的美学和技术,他们试图将这些元素融入自己的设计中。文艺复兴时期的建筑通常注重比例、对称和细节,强调建筑与周围环境的和谐。

在文艺复兴时期,意大利成为建筑领域的重要中心。圣彼得大教堂是文艺复兴时期最著名的建筑之一,其设计者是米开朗琪罗、拉斐尔和布拉曼特等著名艺术家。圣彼得大教堂采用了古罗马建筑的圆顶设计,以及古希腊建筑的柱式和雕塑装饰(见图2-22)。

图 2-22　圣彼得大教堂

文艺复兴时期的建筑还注重对建筑材料的选择和运用。大理石是文艺复兴时期建筑的常见材料,建筑师们精心挑选和处理大理石,以使建筑具有更高的质感和美感。文艺复兴时期是一个极具创造性和革新性的时期,其建筑风格元素在后来的建筑设计中仍然被广泛应用。

4. 法国古典主义建筑

法国古典主义建筑与意大利巴洛克建筑大致同时而略晚。17 世纪,法国的古典主义建筑成了欧洲建筑发展的又一个主流。古典主义建筑是法国绝对君权时期的宫廷建筑潮流。

法国资本主义萌芽时期的重要历史特点是,国王在 15 世纪末统一了全国,建成了中央集权的民族国家。上层建筑的运动被利用来建立宫廷文化,宫廷文化占了主导地位,因此,文艺复兴运动远没有意大利那样波澜壮阔。

广义上讲,古典主义建筑是在古希腊、古罗马建筑基础上发展起来的意大利文艺复兴建筑、巴洛克建筑和古典复兴建筑,其共同特点是采用古典柱式,从时间上讲指文艺复兴以来到 18 世纪 400 年间的建筑。

狭义上讲,古典主义建筑指运用传统的古希腊、古罗马和意大利文艺复兴建筑样式和古典柱式的建筑,特指法国古典主义建筑和受它影响的地区的古典主义建筑。

法国古典主义建筑理论师承 16 世纪的意大利理论,其特色有以下五点:

(1)强调理性原则,推崇比例。

(2)崇奉古典柱式,反对柱式同拱券结合。

(3)强调构图中的"主从关系",突出轴线,讲究对称。

(4)倡导理性,主张建筑的真实。

(5)提倡富于统一性和稳定感的"横三段,竖五段"式立面构图手法(见图 2-23)。

比较典型的例子,如卢浮宫立面构造,构图层次明确,有起有止,有主有从,成为统一整体,反映封建等级秩序,并且对立统一法则在构图中成功运用。集中式的纪念性建筑物的立面一般有明确的垂直线,其余部分被统治在轴线之下,向心性强。

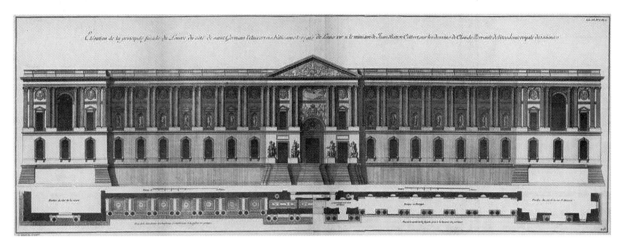

图 2-23　法国古典主义建筑典型立面

2.3　常用建筑结构及其适用类型

2.3.1　砌体结构

砌体结构是指用砖砌体、石砌体或砌块砌体建造的结构,又称砖石结构(见图 2-24)。由于砌体的抗压强度较高而抗拉强度很低,因此,砌体结构构件主要承受轴心或小偏心压力,而很少受拉或受弯,一般民用和工业建筑的墙、柱和基础都可采用砌体结构。在采用钢筋混凝土框架和其他结构的建筑中,常用砖墙做围护结构,如框架结构的填充墙。

砌体结构的主要优点是:

(1)容易就地取材。砖主要用黏土烧制;石材的原料是天然石;砌块可以用工业废料——矿渣制作,来源方便,价格低廉。

(2)砖、石或砌块砌体具有良好的耐火性和较好的耐久性。

(3)砌体砌筑时不需要模板和特殊的施工设备。在寒冷地区,冬季可用冻结法砌筑,不需特殊的保温措施。

(4)砖墙和砌块墙体能够隔热和保温,所以既是较好的承重结构,也是较好的围护结构。

砌体结构的缺点是:

(1)与钢和混凝土相比,砌体的强度较低,因而构件的截面尺寸较大,材料用量多,自重大。

(2)砌体的砌筑基本上是手工方式,施工劳动量大。

(3)砌体的抗拉和抗剪强度都很低,因而抗震性能较差,在使用上受到一定限制;砖、石的抗压强度也不能充分发挥。

(4)黏土砖需用黏土制造,在某些地区过多占用农田,影响农业生产。

图 2-24　砌体结构

适用领域:住宅、办公楼等民用建筑广泛采用砌体承重。所建房屋层数增加,5~6层高的房屋,采用以砖砌体承重的混合结构非常普遍,不少城市建到7~8层;重庆市20世纪70年代建成了高达12层的以砌体承重的住宅;在某些产石地区,毛石砌体做承重墙的房屋高达6层。在工业厂房建筑中,通常用砌体砌筑围墙。砌体可用于中、小型厂房和多层轻工业厂房,以及影剧院、食堂、仓库等建筑的承重结构。可在地震设防区建造砌体结构房屋——合理设计、保证施工质量、采取构造措施。震害调查和研究表明:地震烈度在六度以下地区,一般的砌体结构房屋能经受地震的考验;按抗震设计要求进行改进和处理,可在七度和八度设防区建造砌体结构的房屋。

配筋砌块建筑表现出了良好的抗震性能,在地震区得到应用与发展。美国是配筋砌块应用最广泛的国家,在1933年大地震后,推出了配筋混凝土砌块(配筋砌体)结构体系,建造了大量的多层和高层配筋砌体建筑。这些建筑大部分经受了强烈地震的考验。配筋砌体已成为与钢筋混凝土结构具有类似性能和应用范围的结构体系。

2.3.2　砖混结构

砖混结构是指建筑物中竖向承重的墙、柱等采用砖或者砌块砌筑,横向承重的梁、楼板、屋面板等采用钢筋混凝土结构(见图2-25)。也就是说,砖混结构是以小部分钢筋混凝土及大部分砖墙承重的结构。砖混结构是混合结构的一种,是采用砖墙来承重,钢筋混凝土梁、柱、板等构件构成的混合结构体系。砖混结构适合开间进深较小、房间面积小、多层或低层的建筑。

以承重砖墙为主体的砖混结构建筑,在设计时应注意:门窗洞口不宜开得过大,排列有序;内横墙间的距离不能过大;砖墙体形宜规整和便于灵活布置。构件的选择和布置应考虑结构的强度和稳定性等要求,还要满足耐久性、耐火性及其他构造要求,如外墙的保温隔热、防潮、表面装饰和门窗开设,以及特殊功能要求。建于地震区的房屋,要根据防震规范采取防震措施,如配筋,设置构造柱、圈梁等。砖混结构建筑可以在质感、色彩、线条、图案、尺度等方面形成朴实、亲切而具有田园气氛的风格。设计时还可以统一考虑附属建筑和庭园环境布置,以取得和谐的艺术效果。

图 2-25 砖混结构

2.3.3 框架结构

框架结构是指由梁和柱以刚接或者铰接相连接而构成承重体系的结构,即由梁和柱组成框架共同抵抗使用过程中出现的水平荷载和竖向荷载(见图 2-26)。框架结构的房屋墙体不承重,仅起到围护和分隔作用,一般用预制的加气混凝土、膨胀珍珠岩、空心砖或多孔砖、浮石、蛭石、陶粒等轻质材料砌筑或装配而成。

图 2-26 框架结构示意图

框架结构最大的优点是建筑空间布局灵活,随意性相对比较强。因为框架结构主要受力构件是柱和梁,墙全部采用轻质材料填充,所以建筑空间布局灵活。框架结构在建筑高度上要比砖混结构高很多,同样不同的抗震烈度其最大高度也不同,抗震性能上框架结构要比砖混结构强很多。

框架结构体系的缺点为:框架节点应力集中显著;框架结构的侧向刚度小,属柔性结构框架,在强烈地震作用下,结构所产生的水平位移较大,易造成严重的非结构性破坏;钢材和水泥用量较大,构件的总数量多,吊装次数多,接头工作量大,工序多,浪费人力,施工受季节、环境影响较大;框架是由梁柱构成的杆系结构,其承载力和刚度都较低,特别是水平方向(即使可以考虑现浇楼面与梁共同工作以提高楼面水平刚度,但也是有限的),它的受力特点类似于竖向悬臂剪切梁,其总体水平位移上大下小,但相对于各楼层而言,层间变形上小下大,故一般适用于不超过15层的房屋。

2.3.4　框架－剪力墙结构

现在的中高层小区住宅都是用的框架－剪力墙结构,也称为框剪结构,顾名思义,就是框架和剪力墙结合起来的一种结构体系,剪力墙承受水平剪切力,框架承受竖向荷载(见图2-27和图2-28)。

框架－剪力墙结构因为带有框架结构,所以可灵活划分空间,又因为有足够的剪力墙,所以有很大的侧向刚度防止倾覆,因此多用于中高层住宅,将框架结构和剪力墙结构结合起来,各取所长补其短。

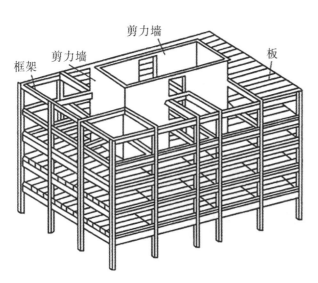

图2-27　框架－剪力墙结构示意图1

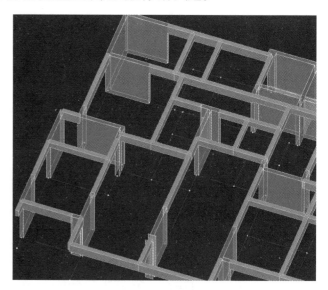

图2-28　框架－剪力墙结构示意图2

2.3.5　拱结构

拱结构是一种主要承受轴向压力并由两端推力维持平衡的曲线或折线形构件(见图2-29)。

拱结构由拱券及其支座组成。支座可做成能承受垂直力、水平推力以及弯矩的支墩;也可用墙、柱或基础承受垂直力而用拉杆承受水平推力。拱券主要承受轴向压力,较同跨度梁的弯矩和剪力要小,从而能节省材料、提高刚度、跨越较大空间,可作为礼堂、展览馆、体育馆、火车站、飞机库等的大跨屋盖承重结构;有利于使用砖、石、混凝土等抗压强度高、抗拉强度低的廉价建筑材料。一般的屋盖、吊车梁、过梁、挡土墙、散装材料库等的承重结构以及地下建筑、桥梁、水坝、码头等的承重结构,均可采用拱。

优缺点:在外荷载作用下,拱主要产生压力,使构件摆脱了弯曲变形。如用抗压性能较好的材料(如砖石或钢筋混凝土）去做拱，正好发挥材料的性能。不过拱结构支座（拱脚）会产生水平推力，跨度大时推力也大，要对付这个推力仍是一桩麻烦而又耗费材料之事。由于拱结构的这个缺点，在实际工程应用上，桁架还是比拱用得普遍。

图 2-29　拱结构

2.4　建筑材料

1. 砖块

砖块是用砂浆黏合在一起形成的矩形块。虽然砖传统上由干黏土制成，但现在它可由各种材料制成。砖具有极高的抗压强度和耐热性，尽管如果掉落，它很容易断裂。砖的一些常见用途包括墙壁、壁炉和人行道。从二十世纪开始，新砖墙的建造由于在地震中容易坍塌而下降。但是，如果喜欢砖的美感，只要用钢棒加固它，在现代建筑中使用它仍然是安全的。

2. 混凝土

混凝土是一种常见的建筑材料，包括碎石、砾石和沙子，通常与波特兰水泥结合在一起。虽然这种复合材料具有高抗压强度和高热质量，但其低拉伸强度意味着它通常需要额外增强。对于承重墙，用钢筋加固混凝土砌块——提供抗拉强度的垂直钢筋。混凝土可用于瓷砖灌浆、地板、墙壁、支撑、地基、道路和大型结构（如水坝）。

3. 木材

木材是一种坚硬的天然材料，也是最古老的建筑材料之一。虽然木材的特性因树种而异，但通常重量轻，价

格低廉，易于改性，并且具有隔热功能。工程木材涉及不同类型的木材，这些木材被人工黏合在一起形成复合木材。流行的工程木材类型包括胶合板、刨花板和层压板。木材的常见用途包括结构框架、墙壁、地板、搁架、甲板、屋顶材料、装饰元素和围栏。

4. 石材

石材是一种耐用、沉重的天然建筑材料，具有很高的抗压强度，当用作结构的主要建筑材料时，石材通常由石匠制备。大理石和花岗岩是厨房台面材料的热门选择。石材的其他用途包括地板、墙壁外立面和支撑结构。

5. 钢

钢是一种合金，主要由铁制成，碳含量很少。其高强度重量比使结构钢成为摩天大楼框架和其他大型结构（如体育场馆和桥梁）的理想选择。钢也是建筑产品中的一种成分，如螺钉、螺栓和其他紧固件。

6. 铝

铝是一种坚固、轻质、可延展的金属，可用于窗框、线条和外墙板。盐会腐蚀铝，铝的耐化学性较差，因此应避免使用铝管道。

7. 铜

铜耐腐蚀、耐用、重量轻、导电性强。铜独特的红棕色及其易加工成复杂形状的性能使其成为一种流行的材料。铜的常见用途包括墙面、屋顶、排水沟、圆顶和尖顶。

8. 玻璃

玻璃由于透明度高而常用于建筑产品，如将玻璃用于窗户、墙壁、天窗等。有许多类型的玻璃，包括中空玻璃、夹层玻璃和遮光玻璃。

Jingguan Jianzhu Sheji

第三章
设 计 技 法

3.1　功能与空间

3.1.1　从容器到建筑空间

人类对建筑的认识,有一个由浅入深、逐步深化的过程。古罗马时代的建筑理论家维特鲁维斯曾指出,建筑具有实用、坚固、美观三要素,虽然相当正确地揭示出建筑的基本特征和属性,但是没有正面回答"建筑究竟是什么"的问题。当代一些建筑师和理论家每每引用老子的一句话:"埏埴以为器,当其无,有器之用。"意在强调建筑最本质的东西并不是围成空间的那个实体的壳,而是空间本身,并把建筑比喻为容器———种容纳人的活动的容器。这比维特鲁维斯又前进了一大步,那么,这种容纳人的活动的容器和一般的容器相比,有哪些异同之处呢?

在各种容器中,最简单的莫过于盛放流体的容器,这种容器只要保证一定的容量就可以满足要求,因此可以说它只有量的规定性(见图3-1)。

图 3-1　各类形状的杯子

另外一类容器,除了量的规定性外,还有形的规定性,即必须具有某种确定的形状方能满足使用的要求,这类容器比前一类容器无疑要复杂一些(见图3-2)。

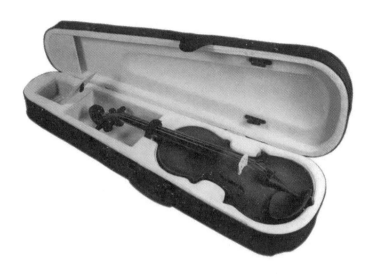

图 3-2　小提琴箱子

　　鸟笼,从某种意义上也可以把它看成一种容器,但它所容纳的不是无生命的物,而是有生命的物,它的形和量不是根据鸟本身,而是根据鸟的活动来确定的(见图 3-3)。

图 3-3　鸟笼

　　建筑,如果把它比喻为容器,虽然和鸟笼多少有某些相似之处,但是要看到人的活动范围之广、形式之复杂、要求之高,则任何一类容器都是不能相提并论的。就范围来讲,小至一间居室,大至整个城市地区,都属于人的活动空间;就形式来讲,不仅要满足个人、若干人,而且要满足整个社会各种人所提出的功能的、精神的要求。建筑设计和城市规划的任务就在于组织这样一个无比庞大、无比复杂的内、外空间,而使之适合于人的要求——成功地把人的活动放进这样一个巨大的容器中去(见图 3-4)。

图 3-4　建筑内部示意图

3.1.2　室内空间的功能属性

房间作为一种空间形式是构成建筑的最基本的单位。为了适合不同的功能要求,不同性质的房间各具自己独特的形式。我们姑且把这种由功能要求而限定的空间形式称为建筑空间(室内)的功能属性,那么这种属性主要表现在哪些方面呢? 下面不妨以蜂房与住宅做比较。

蜂房和住宅相似,也是由许多小空间集合在一起而组成的,但是这些小空间呈一样的大小和形状——正六角柱体;住宅的空间组成远较蜂房复杂,组成住宅的各种房间就其空间形式来讲,在大小、形状及其他方面都各不相同(见图 3-5)。

图 3-5　蜂巢和住宅对比图

这种因功能要求而导致的空间形式上的差异主要表现在四个方面。

（1）大小不同：起居室是生活起居的主要空间，应考虑到人的多种活动需要，因而它应是最大者；卫生间仅需安排必要的卫生设施即可满足要求，通常为最小者。

（2）形状不同：仅有合适的大小而没有合适的形状也不能满足功能的要求。例如过于狭长的居室在使用上就欠灵活，但作为厨房，即使狭长一些，也无损于功能的合理性。

（3）门窗设置不同：开门以沟通内外联系，开窗以接纳空气阳光，不同的房间因使用要求不同，其门窗设置情况也各不相同。

（4）朝向不同：为争取必要的阳光照射而又避免烈日暴晒，还因房间的性质不同而使其各得其所。在住宅中居室应争取南向，其他房间则可自由处置。

如果以上四个方面都能适合于功能的要求，那么这种空间形式必然是适用的。

3.2 功能对单一空间的规定性

3.2.1 量的规定性——空间具有合适的大小和容量

从某种意义上来讲，建筑就犹如一种容器，容纳人类活动的容器。为此，它的体量大小必然因活动的情况（也就是功能）不同而大相径庭（见图3-6）。

卫生间   厨房   卧室   起居室

图3-6 住宅各房间示意图

3.2.2 形的规定性——空间具有合适的形状

除体量大小外，空间的形状也必须适合于功能的要求。建筑空间的形状可分为两大类：一类为长方体，其形状即指其长、宽、高之间的比例关系；另一类为非长方体，取何种形状的空间，应以房间的功能为依据。比如一个教室的面积是 50 m² 左右，它的尺寸可以是 7 m×7 m、6 m×8 m、5 m×10 m 和 4 m×12 m 等，前面的选择会方一点，后面的选择会长一点，那么哪个是最合适的形状呢？（见图3-7）

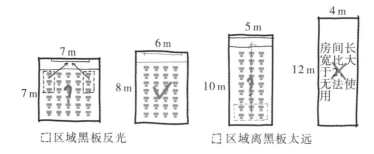

图 3-7　教室尺寸分析图

　　教室主要的功能是授课，7 m×7 m 的尺寸会让两侧的座位产生眩光，而 5 m×10 m 的尺寸后排离黑板太远，4 m×12 m 的房间太过狭长，根本无法使用，因此可以选择 6 m×8 m 的尺寸。

3.2.3　质的规定性——空间具有适当的条件（如湿度、温度）

　　房间需要采光、通风和日照，可通过控制房间的朝向、开窗和开门来实现。

　　房间的朝向：起居室、幼托建筑的活动室、教室、疗养院建筑的病房等应当力争良好的日照条件，宜朝南；而博物馆建筑的陈列室、绘画室、雕塑室、化学实验室、书库、精密仪表室等应避免阳光直射，宜朝北。

　　房间的开窗：一是为了采光，二是为了通风，通常有以下五种情况，如图 3-8 至图 3-12 所示。

图 3-8　采光要求不高——高侧窗

图 3-9　采光要求普通——普通窗

图 3-10　采光要求高——角窗

图 3-11　采光要求高——带形窗

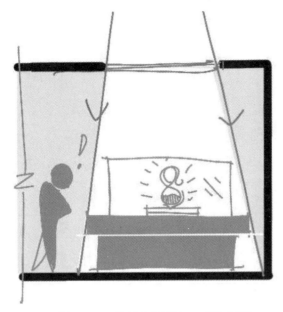

图 3-12　采光要求很高——再加天窗

房间的开门：开门以沟通内外联系，这也是功能要求的一个方面。从使用性质上看，门可以分为一般供人出入的门和满足其他特殊使用要求的门。供人出入的门，其大小应以人或人流的通过能力为依据。供车出入或满足其他特殊使用要求的门，则应视车的尺寸和具体使用要求来确定其大小和形式。

房间开门要考虑到房间使用的便捷性，一般供人出入的门大小位置要以人流的通过能力为依据，无障碍的门要按照轮椅的宽度来确定，供车出入的门要按照车辆的尺寸来确定。

3.3　空间组合的形式与功能

功能的合理性不仅要求每一个房间本身具有合理的空间形式，而且要求各房间之间必须保持合理的联系。这就是说，作为一幢完整的建筑，其空间组合形式也必须适合于该建筑的功能特点。以下就几种典型的空间组合形式做具体分析。

3.3.1　走廊式

学校、医院、办公楼等建筑中的教室、诊室、病房、办公室等房间，一方面要求安静，另一方面彼此之间必须保持适当的联系，加之这些房间体量不大但是数量众多，针对这种功能特点，采取走道——一种专供交通联系用的狭长的空间——把各个使用空间连为一体，则是最合逻辑的空间组合形式（见图 3-13）。

走廊式布局的最大特点：水平的交通空间连接各使用空间，使用空间和交通空间明确分开。这样就可以保证各使用空间安静、不受干扰。

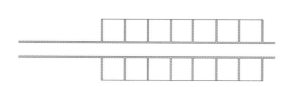
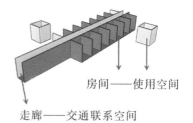

图 3-13　走廊式示意图

3.3.2　楼梯式

住宅建筑一般不适合于采用走廊式布局。因为在住宅建筑中各住户之间没有功能上的联系，另外，过长的走道只会陡然地增加干扰。为此，针对住宅建筑功能特点，一般适合采取楼梯式，即以几户人家围绕着一部楼梯的组合形式，来保证其功能的合理性（见图 3-14）。

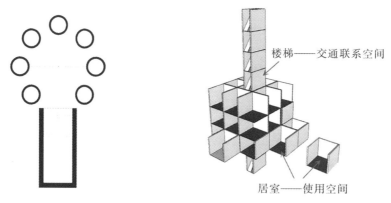

图 3-14　楼梯式示意图

楼梯式空间组合形式最大的特点：竖向的交通空间连接各使用空间，形式集中、紧凑，易于保持安静，互不打扰，因而最适合于住宅的功能要求。

3.3.3　广厅式

通过广厅——一种专供人流集散和交通联系用的空间，也可以把各主要使用空间连接成一体。这种空间组合形式的特点是：广厅成为大量人流的集散中心，通过它既可以把人流分散到各主要空间，又可以把各主要使用空间的人流汇集于这个中心，从而使广厅成为整个建筑物的交通联系中枢（见图 3-15）。一幢建筑视其规模大小可以有一个或几个中枢。这种空间组合形式较适合于大量人流集散的公共建筑，如展览馆、火车站、图书馆、机场等。

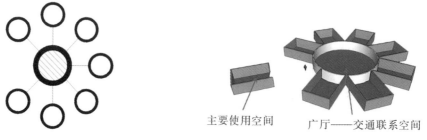

图 3-15　广厅式示意图

3.3.4　串联式

以上列举的几种空间组合形式,都具有一个共同的特点,就是把使用空间和交通联系空间明确地分开,而串联式空间组合则是使主要使用空间一个接一个地相互串通、直接相连。这种空间组合形式的特点是:①把交通联系空间置于使用空间之内;②各主要使用空间关系紧密,并有良好的连贯性。这种组合形式较适合于陈列馆和博物馆中的陈列室、商场以及某些工业建筑车间,以保持各部分之间的连贯性(见图3-16)。

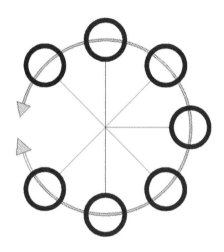

图3-16　串联式示意图

3.3.5　自由灵活式

如图3-17所示,对空间进行自由灵活的分隔,也是一种组织空间的形式,其特点是:被分隔的空间之间互相穿插贯通,没有明确的界限。这种空间组合形式一般适合于近代博览会建筑、庭园建筑等功能要求。

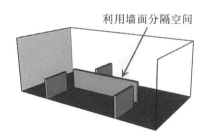

利用墙面分隔空间

图3-17　自由灵活式示意图

3.3.6　综合运用式

为了说明空间组合形式与功能之间的关系,前面把常见的空间组合形式分析归纳为若干种基本类型,并指出什么样的空间组合形式一般适合于何种类型建筑功能的要求。但是应当指出的是,由于功能要求的多样性和复杂性,一幢建筑只采用某一种空间组合形式的情况是少见的。换句话说,在一般情况下一种类型的建筑往往只是以某一种空间组合形式为主,同时还必须辅以其他类型的空间组合形式。另外,有些类型的建筑,由于功能的特点,则是综合采用几种类型的空间组合形式,并且根本分不出孰主孰辅。

3.4 空间与结构

3.4.1 建筑空间与科学技术

前一节着重从功能的角度出发来探索建筑空间的形式问题，可以说主要是从空间"形"的方面来保证功能的合理性。然而，这只是问题的一个方面，为了创造一个既实用又舒适的空间环境，还必须充分利用近代科学技术的一切成就，从空间"质"的方面来保证功能的合理性。这个问题主要涉及：①选用合理经济的结构形式以形成功能所要求的空间形式；②充分利用天然采光、通风、日照等自然条件；③必要时设置空调装置以保证合适的温度和湿度；④设置给、排水系统；⑤设置电气照明系统……（见图3-18）

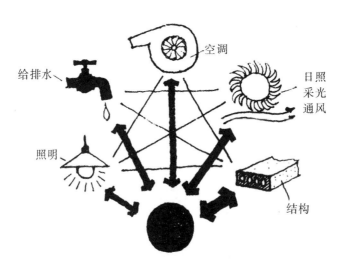

图3-18　建筑空间与科学技术

3.4.2 结构形式的分类与发展

结构形式的分类可以有许多种不同的方法，就其与建筑的关系而言则可以分为以下几种结构体系：①以墙或柱承重的梁板结构；②框架结构；③大跨度结构；④悬挑结构等。以下分别就各种结构体系的变化发展过程做简单扼要的介绍。

1. 以墙或柱承重的梁板结构体系

以墙或柱承重的梁板结构的最大特点是，墙既用来围护、分隔空间，又用来承担梁板所传递的荷载，从而将受到结构的限制和制约。

（1）墙柱：垂直面（垂直压力）——墙体既是围护结构，又是承重结构。

(2)梁板:水平面(弯曲力)——混合结构、大型板材结构、箱形结构等(见图3-19)。

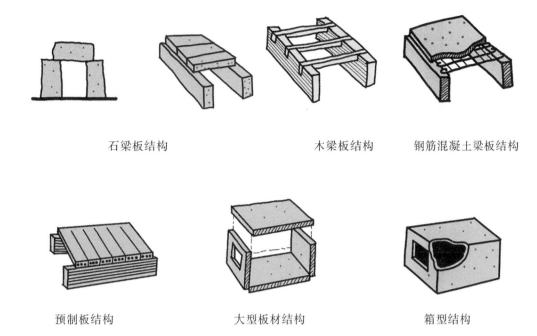

石梁板结构　　　　　木梁板结构　　　　钢筋混凝土梁板结构

预制板结构　　　　　大型板材结构　　　　　箱型结构

图 3-19　梁板示意图

2. 框架结构体系

框架结构的最大特点是把承重结构和围护结构分开,选择强度高的材料作为承重骨架,然后覆以围护结构,这样,墙的设置便比较自由灵活。另外,在墙面上开窗所受的限制也不像墙承重结构体系那样严格(见图3-20)。

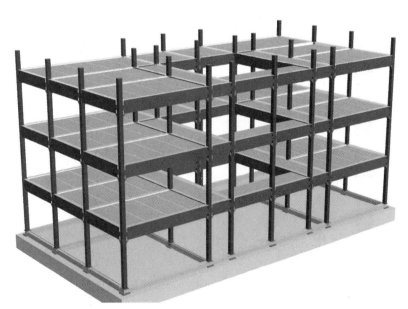

图 3-20　框架结构示意图

框架结构自古就存在,比如印第安人帐篷、欧洲半木结构、我国古代建筑木构架,现今框架结构已加入钢筋混凝土、钢材等新材料(见图3-21)。

印第安人帐篷   三角形木构架   中国式木构架   高直式拱肋结构

图3-21 各类框架结构示意图

3. 大跨度结构体系

大跨度结构的最大特点是可以跨越巨大的空间以适应某些特殊的功能要求。这种结构形式是从古代的拱券结构发展起来的,随着科学技术和建筑材料的发展,近年来已出现了许多新型的薄壁高强大跨度空间结构,如钢筋混凝土壳体结构、悬索结构、网架结构等。此类结构的特点是:①跨度大,可以覆盖巨大的室内空间;②矢高小、曲率小,可以经济有效地利用空间;③厚度小、自重轻,可以大大节省材料;④形式多样,适合于各种形状的平面组合。

1)拱形结构

拱形结构的轴向压力更符合石材的受力特性,用小块的石料不仅可以砌成很大的拱形结构,并且可以跨越相当大的空间(见图3-22)。

拱形结构   倚石券   筒形拱

图3-22 拱形结构示意图

2)拱衍生结构

单向拱衍生出交叉拱(见图3-23),交叉拱衍生出肋骨拱(见图3-24和图3-25)。

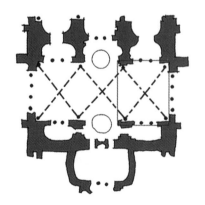

双向拱

图3-23 古罗马卡瑞卡拉浴场示意图

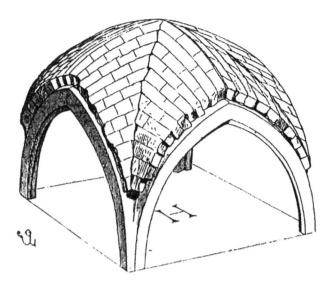

图 3-24 四分肋骨拱

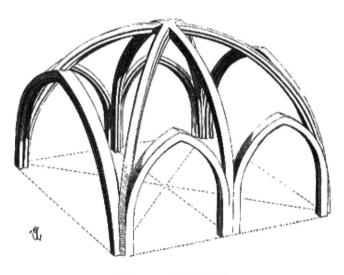

图 3-25 六分肋骨拱

3) 穹隆结构

穹隆结构又称穹顶、拱顶、圆顶,常指宽大的厅堂上空所修筑成圆球形或多边曲面的屋顶盖,有的中央留有圆洞供采光用。它是古罗马建筑和文艺复兴时期建筑的重要造型特征(见图 3-26)。内表面呈半球形或近乎半球形的多边曲面顶盖,古代多用砖、石、土坯砌筑。穹隆结构中古典建筑的范例有潘泰翁神庙(万神庙,见图 3-27)。

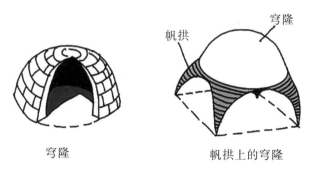

穹隆   帆拱上的穹隆

图 3-26 穹隆结构示意图

图 3-27　万神庙

4) 桁架结构

桁架结构是一种由杆件彼此在两端用铰链连接而成的结构。桁架由直杆组成,一般具有三角形单元的平面或空间结构,桁架杆件主要承受轴向拉力或压力,从而能充分利用材料的强度,在跨度较大时可比实腹梁节省材料、减轻自重和增大刚度,给空间组合带来极大的灵活性(见图 3-28)。

桁架结构

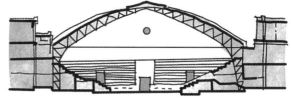

图 3-28　北京体育馆比赛厅

5) 钢筋混凝土刚架结构与拱形结构

钢筋混凝土刚架结构与拱形结构是把梁与柱当作一个整体来考虑,从而可以使弯矩比较均衡地分布在结构的各个部分以减小跨中弯矩,并加大结构跨度(见图 3-29)。

图 3-29　杭州黄龙体育中心游泳馆

6) 壳体结构

壳体结构通常是指层状的结构,它的受力特点是,外力作用在结构体的表面,如摩托车手的头盔、贝壳等。壳体结构常用于工业设计领域。壳体结构是由空间曲面形板加边缘构件组成的空间曲面结构。壳体的厚度远小于壳体的其他尺寸,因此壳体结构具有很好的空间传力性能,能以较小的构件厚度形成承载能力强、刚度大的承重结构,能覆盖或维护大跨度的空间而不需要空间支柱,具有承重结构和围护结构的双重作用,从而节约结构材料。

壳体结构是一种新型的空间薄壁结构,厚度极小却可以覆盖很大的空间,有折壳、筒壳、双面壳体,等等(见图3-30 和图 3-31)。

图 3-30　国家大剧院

图 3-31　悉尼歌剧院

7) 悬索结构

悬索结构是由柔性受拉索及其边缘构件所形成的承重结构,主要应用于建筑工程和桥梁工程。其索的材料可以采用钢丝束、钢丝绳、钢铰线、链条、圆钢,以及其他受拉性能良好的线材。悬索结构广泛用于桥梁结构,用于房屋建筑则适用于大跨度建筑物,如体育建筑(体育馆、游泳馆等大型运动场)、工业车间、文化生活建筑 (陈列馆、杂技厅、市场等）及特殊构筑物等（见图3-32）。

图3-32　石家庄国际会展中心

结构特点：平面形式多样，除可覆盖一般矩形平面外，还可以覆盖圆形、椭圆形、菱形乃至其他不规则平面的空间，使用的灵活性大、范围广；由多变的曲面所形成的内部空间既宽大宏伟又富有运动感；主剖面下凹的曲线曲率小，如处理得当，既能顺应功能要求，又可以大大地节省空间和空调费用；外形变化多样，可以为建筑体形和立面处理提供新的可能性。不同类型的悬索结构如图3-33所示。

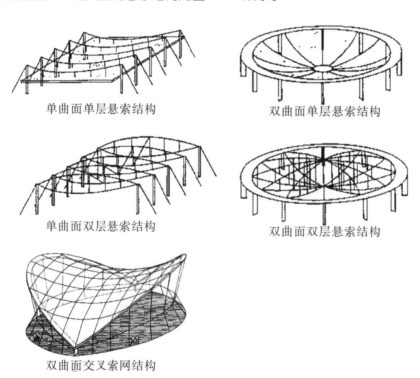

单曲面单层悬索结构　　　双曲面单层悬索结构

单曲面双层悬索结构　　　双曲面双层悬索结构

双曲面交叉索网结构

图3-33　不同类型的悬索结构

8）网架结构

网架结构是由多根杆件按照一定的网格形式通过节点连接而成的空间结构。网架结构具有空间受力小、重量轻、刚度大、抗震性能好等优点，可用于体育馆、影剧院、展览厅、候车厅、体育场、飞机库、双向大柱距车间等建筑的屋盖（见图 3-34 至图 3-36）。其缺点是汇交于节点上的杆件数量较多,制作安装较平面结构复杂。

网架结构类型包括新型大跨度空间结构;单层平面网架、单层曲面网架、双层平板网架和双层穹隆网架;平板空间网架结构。

图 3-34　武汉光谷未来科技城新能源研究院大楼

图 3-35　杭州西站的网架屋顶

图 3-36　北京国家体育场（鸟巢）

4.悬挑结构体系

为了适应近现代建筑功能的需要,在出现了钢筋混凝土、钢等具有高强度抗弯性能的材料之后,就出现了各种形式的悬挑结构。这种结构形式的特点是:可以从支座向外延伸做远距离的悬挑,并用以当作屋面来覆盖空间,以适应某些特殊类型建筑的功能要求(见图3-37和图3-38)。

图 3-37　开化县 1101 工程及城市档案馆

图 3-38　吉林市松花湖风景区森之舞台

5. 其他类型结构体系

1）剪力墙结构

用钢筋混凝土墙板来代替框架结构中的梁柱，能承担各类荷载引起的内力，并能有效控制结构的水平力，这种用钢筋混凝土墙板来承受竖向和水平力的结构称为剪力墙结构（见图 3-39）。这种结构侧向刚度和抗水平荷载能力强，在高层房屋中被大量运用（见图 3-40）。

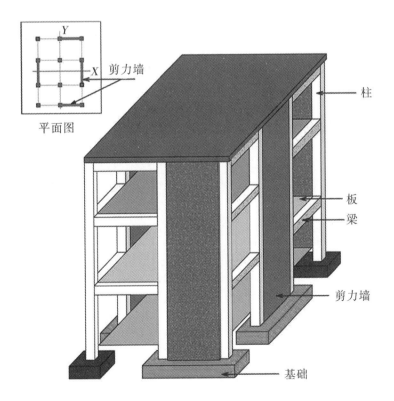

图 3-39　剪力墙结构示意图

图 3-40　某小区住宅楼

2）充气式结构

　　充气式结构，又名充气膜结构，是指在以高分子材料制成的薄膜制品中充入空气后形成房屋的结构（见图3-41）。充气式结构又可分为气承式膜结构（air supported membrane structure）和气胀式膜结构（或叫气肋式膜结构，inflated membrane structure）。

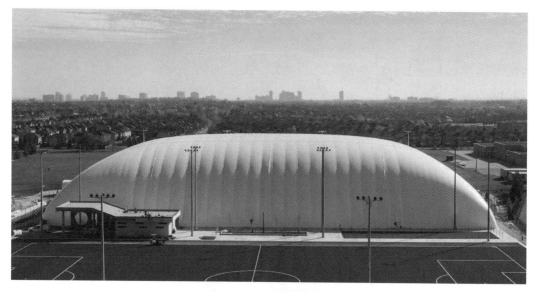

图 3-41　某气膜体育馆

3）筒体结构

　　筒体结构是指由一个或多个筒体做承重结构的高层建筑体系，适用于层数较多的高层建筑。在侧向风荷载的作用下，其受力类似刚性的箱形截面的悬臂梁，迎风面将受拉，而背风面将受压。筒体结构可分为框筒体系（见图3-42）、筒中筒体系、桁架筒体系、成束筒体系等。

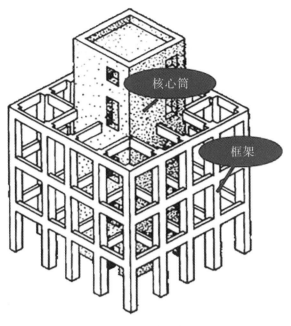

核心筒

框架

图 3-42　框筒体系示意图

3.5　形式美的规律

3.5.1　物质世界的统一性

统一是形式美最基本的要求,包含:秩序——相对于杂乱无章而言(相互之间的制约性);变化——相对于单调而言。形式美的法则为多样统一。

亚里士多德认为:一个整体就是有头、有尾、有中部的东西。格罗皮乌斯提出万物统一的观念,认为所有对立的力量都处于绝对的平衡中。而近代建筑大师赖特提出,"有机建筑"意味着本质、内在的——哲学意义上的完整性。

3.5.2　形式美的规律

1. 以简单的几何形状求统一

简单、肯定的几何形状可以引起人的美感。"原始的体形是美的体形,因为它能使我们清晰地辨认",圆、球、正方形、立方体以及正三角形等,这些几何形状各要素之间具有严格的制约关系(见图 3-43)。古罗马的万神庙、梵蒂冈的圣彼得大教堂、我国的天坛、埃及的金字塔、印度的泰姬·玛哈尔陵等,均采用了高度完整、统一的形体(见图 3-44 至图 3-47)。

图 3-43　简单的几何形状

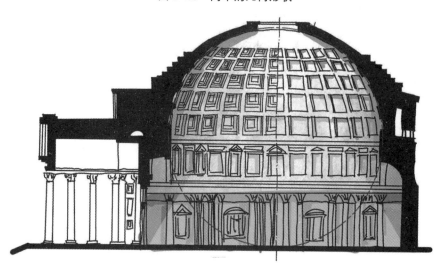

图 3-44　古罗马万神庙

图 3-45　天坛祈年殿建筑群

图 3-46　人民英雄纪念碑（前）和毛主席纪念堂（后）

图 3-47　埃及金字塔

2. 主从与重点

主从分明（分清主次）可以让建筑达到形式上的统一。

（1）四面对称的组合形式：均衡、严谨、相互制约（见图 3-48）。

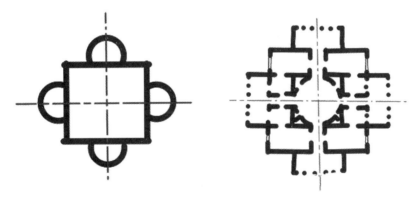

图 3-48　帕拉迪奥的圆厅别墅

（2）一主两从的组合形式：对称的构图（见图 3-49）。

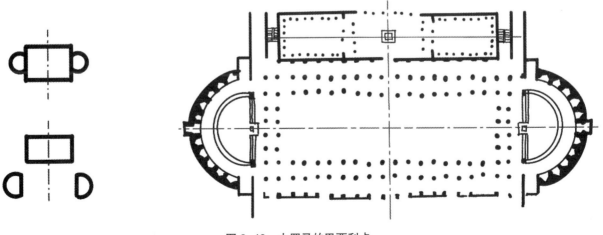

图 3-49　古罗马的巴西利卡

（3）一主一从的组合形式：趣味中心（见图3-50）。

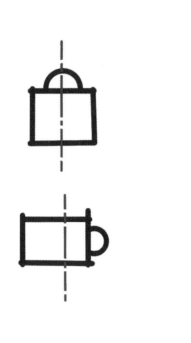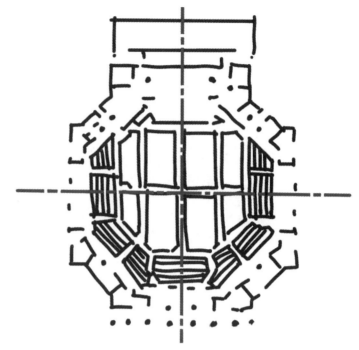

图3-50　广州中山纪念堂

3. 均衡与稳定

均衡与稳定是与重力有联系的审美观念（见图3-51）。

稳定：建筑整体上下之间的轻重关系处理。

均衡：建筑构图中各要素左与右、前与后之间相对轻重的处理，分静态均衡和动态均衡。

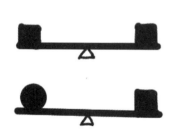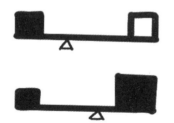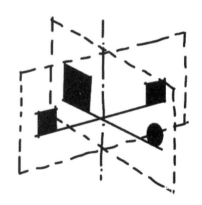

图3-51　均衡与稳定

（1）静态均衡：有对称和非对称之分。

对称的静态均衡——稳重严肃（见图3-52）。

非对称的静态均衡——轻巧活泼（见图3-53）。

（2）动态均衡：时间和运动中的平衡状态（见图3-54）。

有些物体依靠运动来求得平衡，例如旋转中的陀螺、行驶中的自行车、飞翔中的鸟等。格罗皮乌斯曾说过，动态均衡是"生动有韵律的均衡形式"。

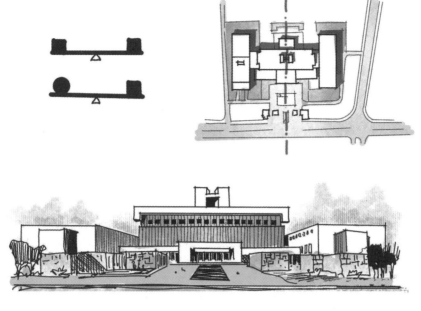

图 3-52　日本新建市政建筑

图 3-53　承德避暑山庄烟雨楼

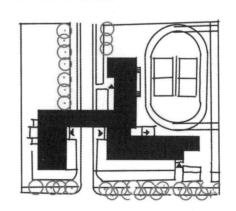

图 3-54　包豪斯校舍

4. 对比与微差

　　对比是指要素之间的显著差异,可以借彼此之间的烘托陪衬来突出各自的特点以求得变化;微差是指要素之间的不显著差异,可以借相互之间的共同性以求得和谐(见图3-55)。在建筑设计领域,无论是内部空间还是外部形体,整体还是局部,单体还是群体,为了求得统一与变化,都离不开对比与微差手法的运用(见图3-56和图3-57)。没有对比会使人感到单调,过分地强调对比易造成混乱。

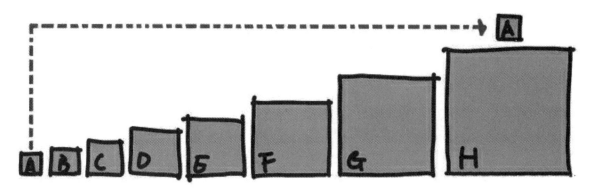

A与H:对比——存在显著的差异。

A到H:微差——借相互之间的共同性以求得和谐。

图3-55　对比与微差

图3-56　某现代建筑

图 3-57　古罗马角斗场

5. 韵律与节奏

韵律与节奏是以条理性、重复性和连续性为特征的美的形式——韵律美。节奏是指画面上明暗、冷暖、大小、疏密等因素，其反复出现的频率与对比关系就构成了画面的节奏感。韵律是指画面上的线条、色调等在起、承、转、合的变化中，呈现出一波三折的韵味与律动关系。节奏存在于客观现实生活之中，人的视觉也有一定的节奏感受。韵律是一种和谐美的格律，这种美的音韵需在严格的旋律中进行。

（1）连续的韵律——恒定的距离和关系，可以无止境地连绵延长（见图 3-58）。

图 3-58　连续的韵律

（2）渐变的韵律——连续的要素在某一方面按照一定的秩序而变化（见图3-59）。

图3-59 渐变的韵律

（3）起伏的韵律——渐变韵律按一定的规律，时而增加，时而减小（见图3-60）。

图3-60 起伏的韵律

（4）交错的韵律——各组成部分按一定规律交织、穿插而形成（见图3-61）。

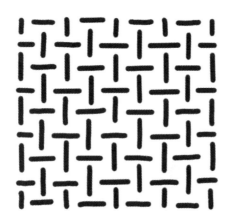

图3-61 交错的韵律

6. 比例和尺度

在建筑设计中尺度所探索的就是建筑与人和物体之间的比例关系，以及这种比例关系给人带来的视觉感受。

（1）比例：简单而合乎模数的比例关系是美的，如圆、正方形、正三角形等（见图3-62）。

（2）黄金比和人体尺度：完美长方形的比例为 1：1.618，这就是著名的"黄金分割"，亦称"黄金比"。

近代建筑大师勒·柯布西耶利用这样一些基本尺寸，由不断地黄金分割而得到两个系列的数字，一个称红尺，另一个称蓝尺，然后再用这些尺寸来划分网格，这样就可以形成一系列尺寸。简单地说，红尺的基准刻度是1829 mm，就是6英尺，是柯布西耶参考的一份报告中的英国人的完美高度（这个数值在最初是1.75 m，法国人的平均身高），红尺的其余数字是依次乘0.618得出来的（1130=1829×0.618；698=1130×0.618）。

而蓝尺设计的初衷是涵盖"举高"的模数，1829 mm 不够高，希望范围再大一点。柯布西耶引入"直角规线"，创立比例网格，用1130×2=2260作为蓝尺的基础。蓝尺其余数字也是依次乘0.618得来（见图3-63）。

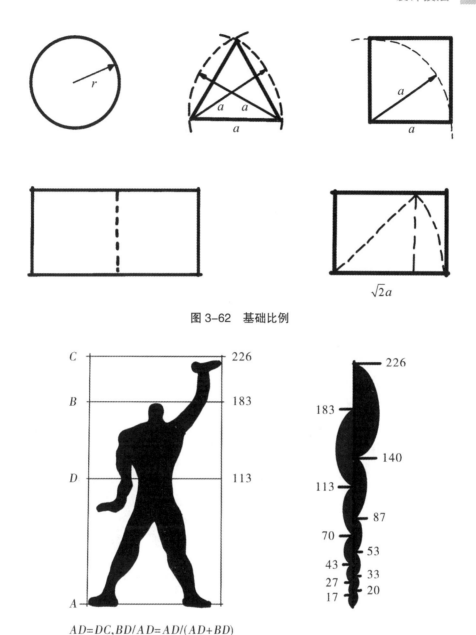

图 3-62　基础比例

$$AD=DC, BD/AD=AD/(AD+BD)$$

图 3-63　身体黄金比例

　　建筑物的整体,特别是它的外轮廓线,以及内部各主要分割线的控制点,凡是符合圆、正三角形、正方形等具有简单而肯定比例的几何图形,就可能由于具有几何制约关系而产生完整、统一、和谐的效果。

　　比如古希腊波塞冬神庙的几何分析:该建筑正立面山墙最高点与基座两端连线接近正三角形,以基座为直径作半圆正好与檐板上皮相切(见图 3-64)。

　　巴黎凯旋门的几何分析:建筑物的整体外轮廓为一正方形,外立面上若干控制点分别与几个圆或正方形相重合,因而它的比例一般认为是严谨的(见图 3-65)。

　　(3)尺度:建筑物的整体或局部给人感觉上的大小印象和其真实大小之间的关系。局部愈小,通过对比作用,可以反衬出整体的高大;过大的局部,则使整体显得矮小。比如公认的,圣彼得大教堂大而不见其大,失去了应有的尺度感(见图 3-66);而圣保罗大教堂,由于把柱廊划分成两层来处理,虽然绝对大小比不上前者,但能使人感到宏伟,就是因为尺度合理。

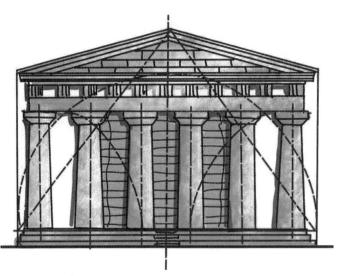

图 3-64　古希腊波塞冬神庙

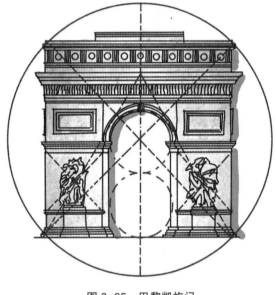

图 3-65　巴黎凯旋门

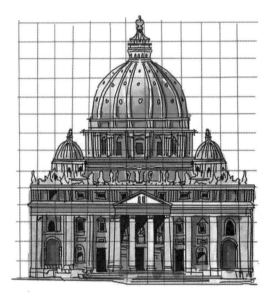

图 3-66　圣彼得大教堂

3.6　内部空间的处理

　　为了造成宏伟、博大或亲切的气氛,必须按照不同情况赋予不同建筑空间以应有的尺度感。空间的大小首先必须保证功能要求,在满足功能要求的前提下还必须考虑到给人以某种感受。对于一般的建筑来讲这两者是统一的,但也有少数建筑——如宗教建筑、纪念性建筑,精神方面的要求有时会大大超出功能的要求,为此,就应当根据具体情况区别对待,力求把功能要求与精神感受方面的要求统一起来。

3.6.1　单一空间的形式处理

1. 空间的体量与尺度

绝对高度——用尺寸来表示；

相对高度——联系空间的平面面积来考虑。

当 $h/a<1$，引力感强，使人感到压抑（见图 3-67）；

当 $h/a=1$，有引力感，使人感到亲切（见图 3-68）；

当 $h/a>1$，引力感弱，使人感到高爽、虚幻（见图 3-69）。

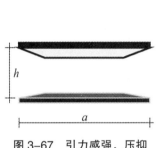

图 3-67　引力感强，压抑

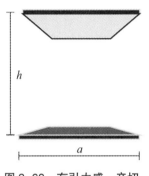

图 3-68　有引力感，亲切

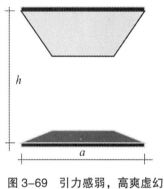

图 3-69　引力感弱，高爽虚幻

除此之外，高度不变的情况下，愈大的空间愈显得低矮。

2. 空间的形状与比例

大家观察一下身边的高楼大厦就会发现，很多建筑物都是长方体或者类似于方形的设计。

对于长方形空间来说，空间的形状和比例不同（见图 3-70），感受是不同的：

A：窄而高的空间——有向上的感觉，会产生兴奋、自豪、崇高或激昂的情绪，比如欧洲的高大直线条为主的教堂（见图 3-71）。

B：细而长的空间——产生深远的感觉，会产生期待和寻求的情绪，比如颐和园的长廊（见图 3-72）。

C：低而宽的空间——产生侧向广延的感觉（见图 3-73 和图 3-74）。

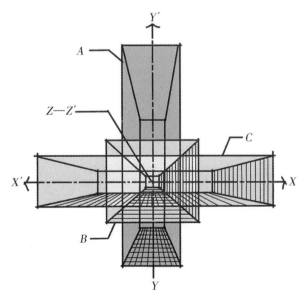

图 3-70　空间示意图

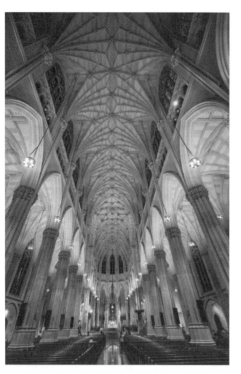

图 3-71　美国纽约圣巴特里爵教堂

图 3-72　颐和园长廊

图 3-73　某工厂内部

图 3-74　某办公区内部

当然,我们的生活中也有很多类似圆形的建筑。比如说商场,还有比较典型的鸟巢、北京大兴机场的透明玻璃顶棚,等等。大家有没有发现,这些圆形的建筑都是低层建筑,这时候圆形设计是合理的。圆形在视觉上具有流畅性,符合商场、体育馆等对于美观的要求。但是就算这些建筑外观是圆形,建筑内部往往都会被规划成长方体或者更适合物品摆放的其他几何形。

对于非长方形的空间来说:

中央高四周低的空间——产生向心、内聚和收敛的感觉(见图 3–75)。

四周高中央低的空间——产生离心、延展和扩散的感觉(见图 3–76)。

两坡落水的空间——产生沿纵轴方向的内聚感(见图 3–77)。

中间低两侧高的空间——沿纵轴向外扩散(见图 3–78)。

弧形空间——可以产生一种导向感(见图 3–79 和图 3–80)。

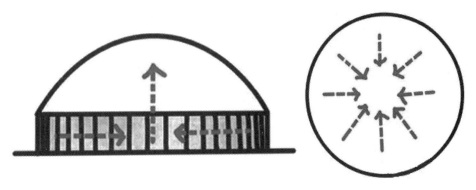

图 3–75　中央高四周低

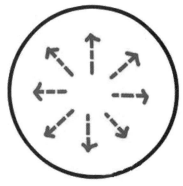

图 3–76　四周高中央低

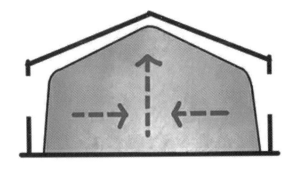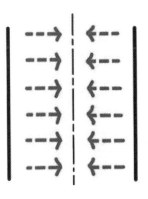

图 3–77　两坡落水屋顶

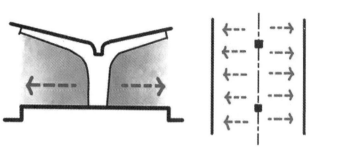

图 3-78　中间低两侧高的空间

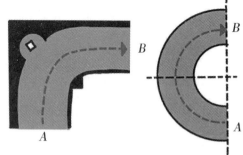

图 3-79　弧形空间

图 3-80　弧形导向空间

3. 空间围和透关系的处理

围、透的处理和朝向的关系十分密切,简单来说就是:凡是朝向好的一面,应当争取透;朝向不好的一面,则应当使之围(见图 3-81)。

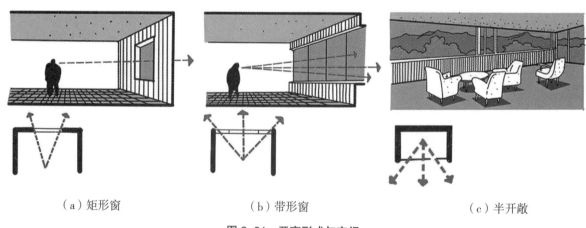

（a）矩形窗　　　　　　　　（b）带形窗　　　　　　　　（c）半开敞

图 3-81　开窗形式与空间

4. 内部空间的分隔处理

1)列柱

(1)单排列柱:应避免采用,如果一定要采用,按功能特点使列柱偏于一侧,这样才能主从分明(见图 3-82)。

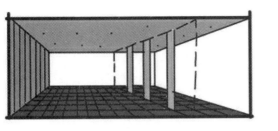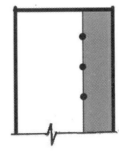

图 3-82　单排列柱

（2）双排列柱：中跨大而边跨小，同样是主从分明的道理（见图 3-83）。

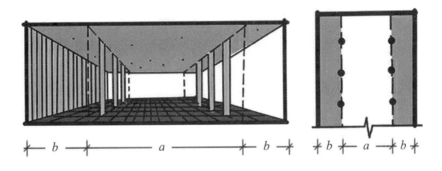

图 3-83　双排列柱

③四根柱子：柱子移近四角（见图 3-84）。

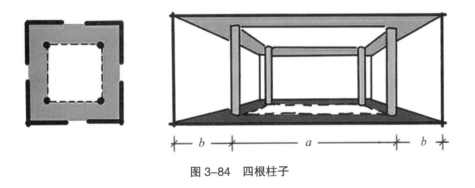

图 3-84　四根柱子

2）夹层

夹层沿大厅的一侧、两侧、三侧或四周（见图 3-85）。

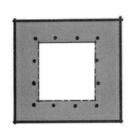

图 3-85　四周夹层的例子

5. 天花、地面、墙面的处理

(1)天花:天花的处理最能反映空间的形状关系,可以达到建立秩序的目的(见图3-86)。

图 3-86　天花的处理形成一种集中和向心的秩序

(2)地面:一是强调图案本身的独立完整性,二是强调图案的连续性和韵律感,三是强调图案的抽象性。近现代建筑的地面处理多趋向于采用整齐、简洁而又富有韵律感的图案(见图3-87)。

图 3-87　有韵律感的地面图案

我们也可以巧妙地利用地面高差的变化,取得良好的效果(见图3-88)。

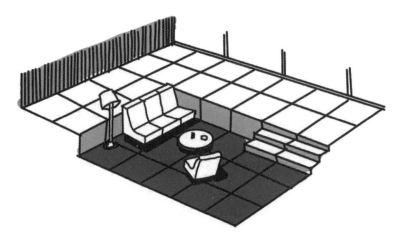

图 3-88　有高差的地面设计

③墙面:墙面处理最关键的问题是如何组织门窗,力求把门窗组织成为一个整体。

低矮的墙面多适合于采用竖向分割的处理方法,使空间产生兴奋的感觉。高耸的墙面多适合于采用横向分割的处理方法,使空间产生安定的感觉。

窗为虚,墙面为实,根据每一面墙的特点,有的以虚为主,虚中有实;有的以实为主,实中有虚。应尽量避免虚实各半平均分布的处理方法。开窗还应正确地显示出空间的尺度感,也就是使门、窗以及其他依附于墙面上的各种要素,都具有合适的大小和尺寸。过大或过小的内檐装修,都会造成错觉并歪曲空间的尺度感。

6. 色彩与质感的处理

(1)色彩的冷暖:两个大小相同的房间,着暖色的会显得小,着冷色的则显得大(见图3-89)。

暖色给人紧张、热烈、兴奋、靠近的感觉。

冷色给人安定、幽雅、宁静、隐退的感觉。

(2)色彩的深浅:室内色彩,一般多遵循上浅下深的原则来处理(见图3-90)。

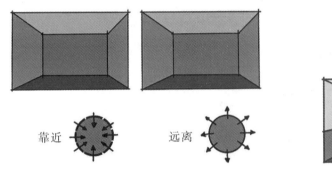

图3-89　冷暖色的对比

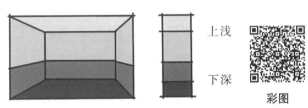

上浅

下深

彩图

图3-90　室内色彩的深浅

③对比与调和:色彩的关系,顾名思义,就是色彩与色彩间的关系。说得更具体一点,就是颜色与颜色之间差别大不大,是更倾向于反差还是更倾向于融合。

颜色之间差别大,称为色彩对比,差别越大,色彩对比越强;相反,色彩之间差别小,称为色彩调和,差别越小,色彩越倾向于统一调和(见图3-91)。

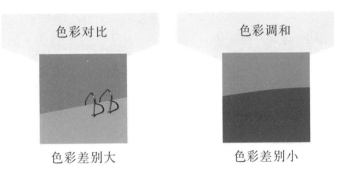

图3-91　色彩的关系

只有调和没有对比会使人感到平淡而无生气(见图3-92);反之,过分地强调对比则会破坏色彩的统一(见图3-93)。

天花、墙面、地面应采用调和色;局部的地方如柱子、踢脚板、护墙、门窗应采用对比色。避免大面积地使用纯度高的原色或其他过分鲜艳的颜色,一般应采用多少带一点灰色成分的中间色调,这样将使人感到既柔和又大方。

图 3-92　没有对比，画面单调、沉闷

图 3-93　对比过强造成疲劳和紧张

3.6.2　多空间的形式处理

1. 空间的对比与变化

多空间的组合则在于空间与空间之间的不同给人带来的心理感受，大概有以下几种变化方式：

(1) 高大与低矮之间——欲扬先抑（见图 3-94）。

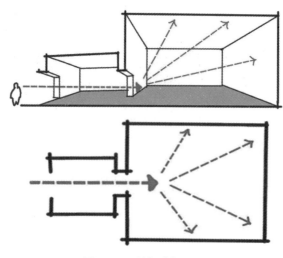

图 3-94　欲扬先抑手法

② 开敞与封闭之间——豁然开朗(见图 3-95)。

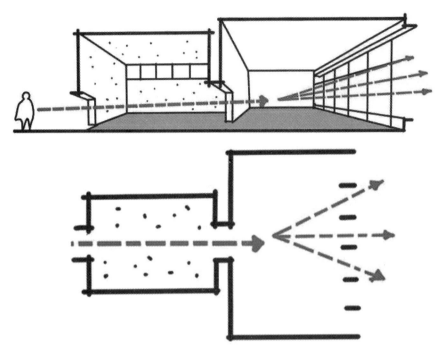

图 3-95 封闭到开敞

③ 不同形状之间——引起注意(见图 3-96)。

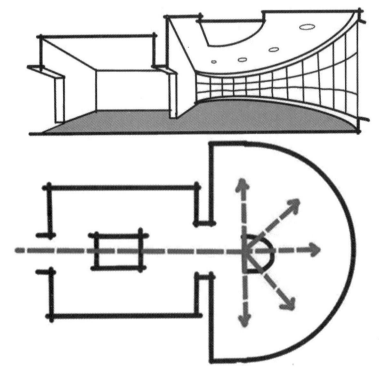

图 3-96 不同形状空间的组合

④ 不同方向之间——改变行进方向(见图 3-97)。

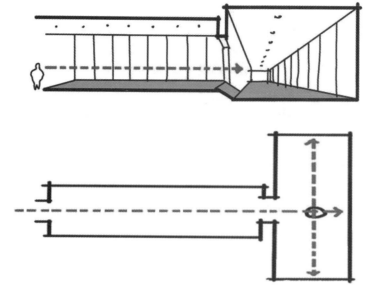

图 3-97　方向变化

2. 空间的重复与再现

（1）排偶——空间两两重复出现（见图 3-98）。

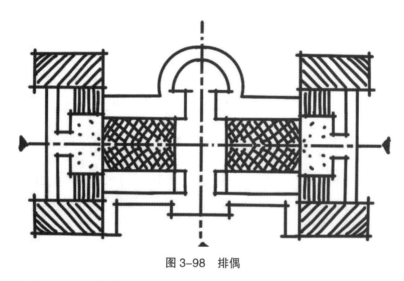

图 3-98　排偶

②重复——空间多次重复出现（见图 3-99）。

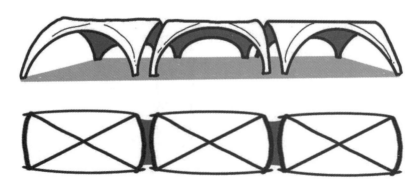

图 3-99　重复

③再现——重复空间逐一再现（见图3-100）。

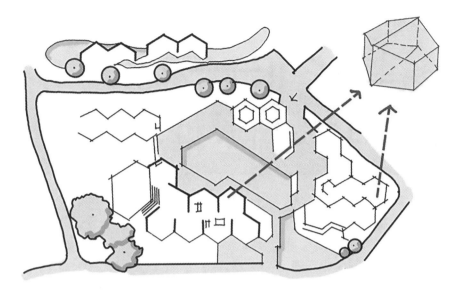

图3-100　再现：多次出现六边形的空间

3. 空间的衔接与过渡

（1）两个大空间的过渡：

①由大到小，再由小到大（见图3-101）。

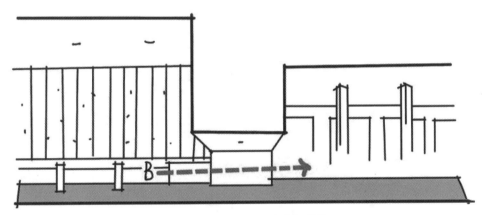

图3-101　大→小→大空间转换

②压低某一部分空间来过渡（见图3-102）。

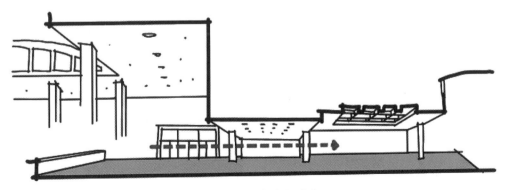

图3-102　压低空间过渡

景观建筑设计 Jingguan Jianzhu Sheji

②不同高差的过渡——可以通过空间斜向的转折。

③内、外空间的过渡——通过门廊、悬挑、雨篷（见图3-103）。

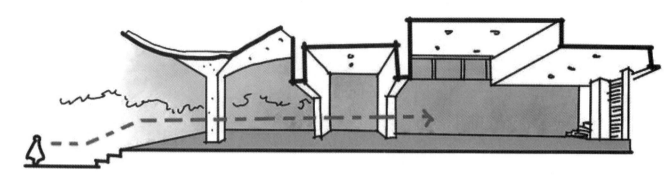

图3-103　通过门廊及高差形成过渡

4. 空间的渗透与层次

空间的渗透和层次是指空间之间互相连通、彼此渗透（见图3-104）。

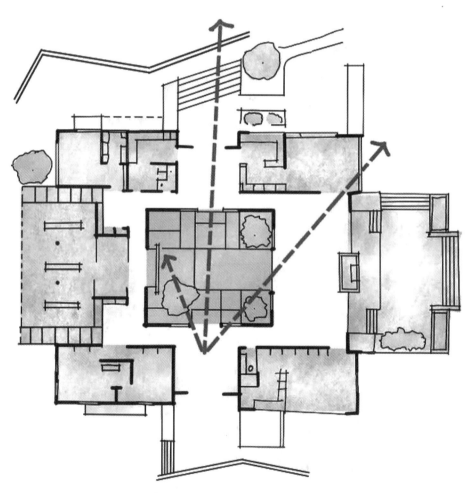

图3-104　借景、流动空间

5. 空间的引导与暗示

空间的引导与暗示不是立牌子告诉人们，而是通过空间的隐喻来引导人们前行。

①以弯曲的墙面把人流引向某个确定的方向，并暗示另一空间的存在（见图3-105）。

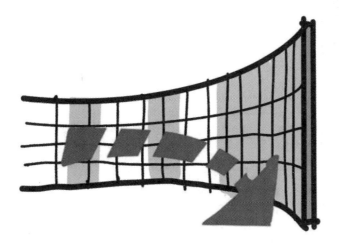

图 3-105　弯曲的墙面具有引导作用

②利用特殊形式的楼梯或特意设置的踏步,暗示上一层空间的存在(见图 3-106)。

③利用天花、地面处理,暗示前进的方向(见图 3-107)。

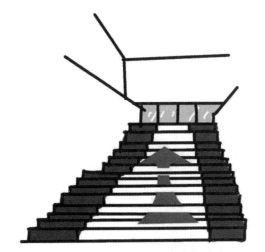

图 3-106　利用楼梯或踏步引导空间

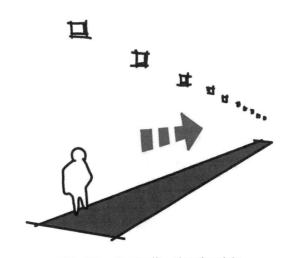

图 3-107　利用天花、地面暗示空间

④利用空间的灵活分隔暗示另外一些空间的存在(见图 3-108)。

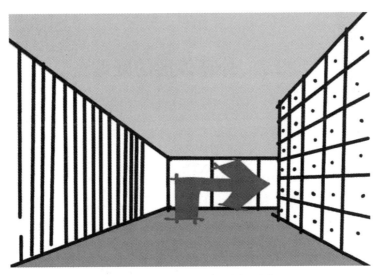

图 3-108　利用空间分隔暗示空间

6. 空间的序列与节奏

空间的序列与节奏是指统筹、协调并支配前几种多空间形式处理方法,让空间体系成为有机整体——头—中部—尾。

沿主要人流路线逐一展开的空间序列必须有起、有伏,有抑、有扬,有一般、有重点、有高潮(见图3-109)。

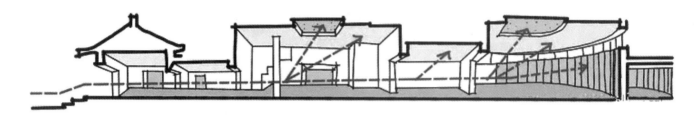

图3-109　空间序列

在对称的布局中,沿主轴线排列的空间应当强调其对比与变化的方面,沿副轴线排列的空间应当强调其重复与再现的方面,只要把这两者有机地结合起来,就可以形成一个完整统一的空间序列(见图3-110)。

图3-110　对称布局的空间序列

3.7　外部体形的处理

建筑物的外部体形是怎样形成的呢? 它不是凭空产生的,也不是由设计者随心所欲决定的,它应当是内部空间的反映。有什么样的内部空间,就必然会形成什么样的外部体形。当然,对于有些类型的建筑,外部体形还要反映出结构形式的特征,但在近现代建筑中,由于结构的厚度愈来愈薄,除少数采用特殊类型结构的建筑外,一般的建筑其外部体形基本上就是内部空间的外部表象。

除此之外,建筑物的体形又是形成外部空间的手段。各种室外空间如院落、街道、广场、庭园等,都是借建筑物的体形而形成的（包括封闭与开敞两种形式的外部空间）。由此可见，建筑物的体形绝不是一种独立自在的因素：作为内部空间的反映，它必然要受制于内部空间；作为形成外部空间的手段，它又不可避免地要受制于外部空间。这就是说，它同时要受到内、外两方面空间的制约，只有当它把这两方面的制约关系统一协调起来，它的出现才是有根有据和合乎逻辑的。这样来说，建筑物的体形虽然本身表现为一种实体，但是从实质上讲又可以把它看成是隶属于空间的一种范畴。建筑的外部体形同时要受到内、外两方面空间的制约。

3.7.1 外部体形是内部空间的反映

设计空间的外部体形时应把握住各个建筑的功能特点，并合理地赋予其形式，使建筑内外表里一致、各得其所（见图3-111）。内外不一的建筑是谈不上美的。

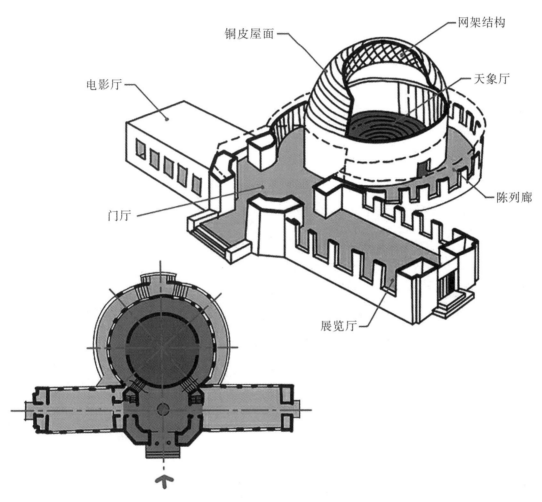

铜皮屋面　网架结构　电影厅　天象厅　门厅　陈列廊　展览厅

图 3-111　北京天文馆

3.7.2 外部体形是建筑的个性与性格特征的表现

建筑的外部体形植根于功能，又涉及设计者的艺术意图。

1. 外形是功能的自然流露

各种类型的公共建筑，通过体量组合处理表现建筑物的性格特征。墙面和开窗处理就与功能有密切的联系：采光要求高的建筑通透，采光要求低的建筑敦实（见图3-112）。

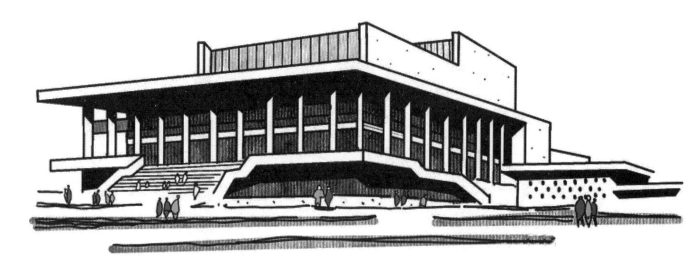

图 3-112　某剧院建筑

2. 精神需求带来个性

比如：园林建筑的空间、体形组合主要是出于观赏方面的考虑（见图 3-113）；纪念性建筑要求能够唤起人们庄严、雄伟、肃穆和崇高等感受（见图 3-114）；居住建筑小巧的尺度具有亲切、宁静、朴素、淡雅的气氛（见图 3-115）。

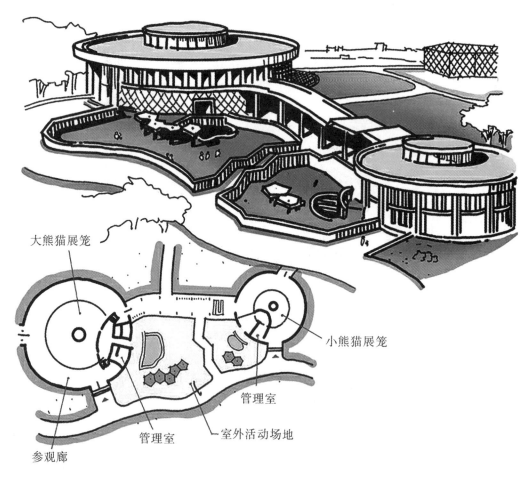

图 3-113　天津水上公园熊猫馆

图 3-114　列宁墓

图 3-115　某住宅建筑

3.7.3　体量组合与立面处理

1. 主从分明、有机结合

一幢建筑物,不论它的体形怎样复杂,都不外乎是由一些基本的几何形体组合而成的。只有在功能和结构合理的基础上,使这些要素巧妙地结合成为一个有机的整体,才能具有完整统一的效果。

完整统一和杂乱无章是两个互相对立的概念。体量组合,要达到完整统一,最起码的要求就是要建立起一种秩序感。那么从哪里入手来建立这种秩序感呢? 我们知道,体量是空间的反映,而空间主要又是通过平面来表现的,要保证有良好的体量组合,首先必须使平面布局具有良好的条理性和秩序感。勒·柯布西耶在《走向新建筑》的纲要中提出"平面布局是根本","没有平面布局,你就缺乏条理,缺乏意志"等论断,显然是他长期实践的经验总结。

传统的构图理论十分重视主从关系的处理,并认为一个完整统一的整体,首先意味着组成整体的要素必须主从分明而不能平均对待、各自为政。传统的建筑,特别是对称形式的建筑体现得最明显。对称形式的组合,中央部分较两翼的地位要突出得多,只要能够善于利用建筑物的功能特点,以种种方法来突出中央部分,就可以使它成为整个建筑的主体和中心,并使两翼部分处于它的控制之下而从属于主体。突出主体的方法有很多,在对称形式的体量组合中,一般都是使中央部分具有较大或较高的体量,少数建筑还可以借特殊形状的体量来达到削弱两翼以加强中央的目的。

传统建筑体形处理手法如下:

首先,必须使平面布局具有良好的条理性和秩序感(见图3-116)。

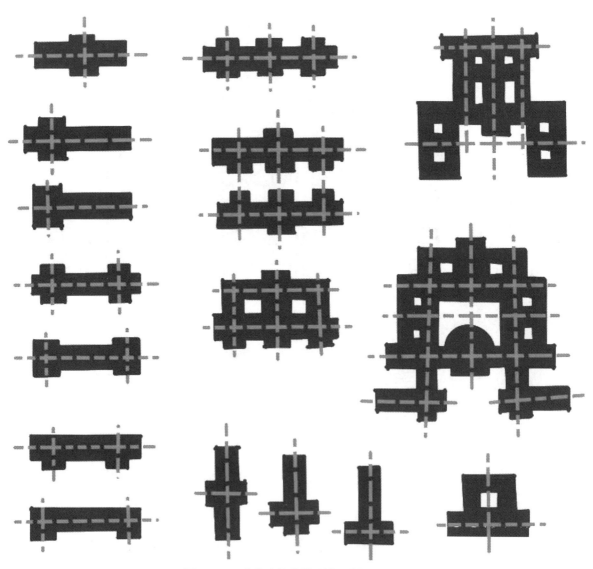

图3-116　古典建筑常借助轴线获得秩序

其次,明确主从关系(见图 3-117)。

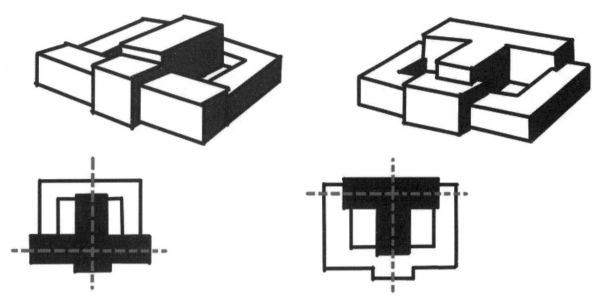

图 3-117　主与从

最后,主从之间应有良好连接(见图 3-118)。

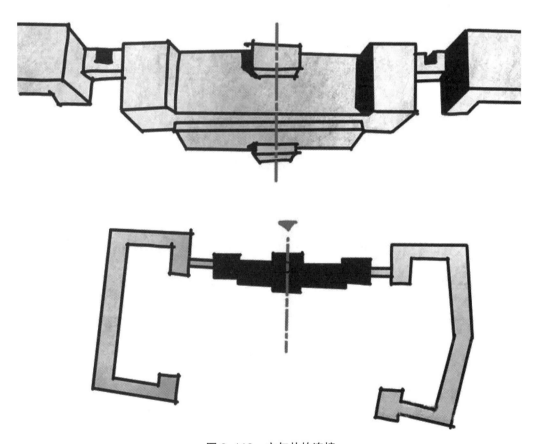

图 3-118　主与从的连接

现代建筑体形组合新手法有:

(1)内部空间灵活划分,外部造型去掉多余部分(见图 3-119 和图 3-120)。

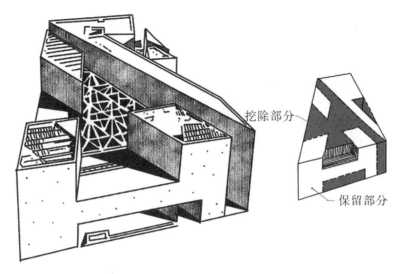

图 3-119　美国国家美术馆东馆

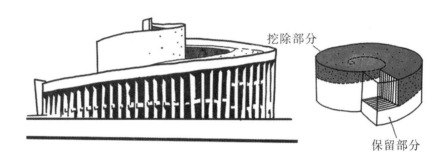

图 3-120　波兰某剧院建筑

（2）组合与挖空相结合的手法（见图 3-121 和图 3-122）。

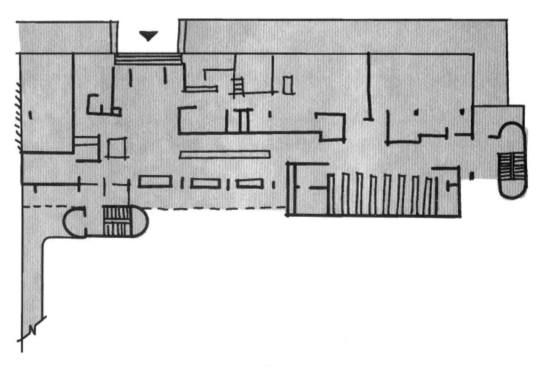

图 3-121　国外某艺术学校平面图

图 3-122　国外某艺术学校效果图

（3）其他更加灵活的组合手法（见图 3-123）。

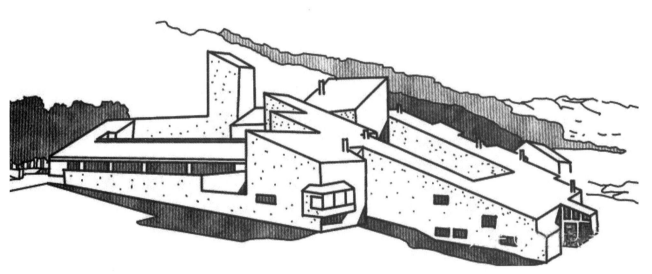

图 3-123　某艺术馆

2. 体量组合中的对比与变化

体量是内部空间的反映，为适应复杂的功能要求，内部空间必然具有差异性，而这种差异性又不可避免地要反映在外部体量的组合上。巧妙地利用这种差异性的对比作用，可以破除单调以求得变化。体量组合中的对比主要表现在三个方面：方向性的对比；形状的对比；直与曲的对比。

1）方向性的对比

方向性的对比是最基本和最常见的对比。所谓方向性的对比，是指组成建筑体量的各要素，由于长、宽、高之间的比例关系不同，各具一定的方向性，交替地改变各要素的方向，即可借对比而求得变化。一般的建筑，方向性的对比通常表现在三个向量之间的变换。如用笛卡儿坐标系来表示，这三个向量分别为平行于 X 轴、平行于 Y 轴、平行于 Z 轴,前两者具有横向的感觉,后一种则具有竖向的感觉,交替穿插地改变各体量的方向,将可以获得良好的效果(见图 3-124)。

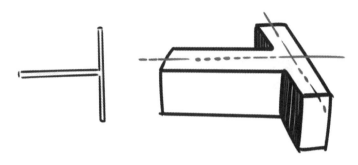

图 3-124　某艺术馆

2) 形状的对比

与方向性的对比相比较,不同形状的对比往往更加引人注目,这是因为人们比较习惯于方方正正的建筑体形,一旦发现特殊形状的体量,总不免有几分新奇的感觉。但是应当看到,特殊形状的体量来自特殊形状的内部空间,而内部空间是否适合或允许采用某种特殊的形状,则取决于功能。这就是说,利用这种对比关系来进行体量组合必须考虑到功能的合理性。此外,由不同形状体量组合而成的建筑体形虽然比较引人注目,但如果组织得不好,则可能因为互相之间的关系不协调而破坏整体的统一。为此,对于这一类体量组合,必须更加认真地推敲研究各部分体量之间的连接关系(见图 3-125)。

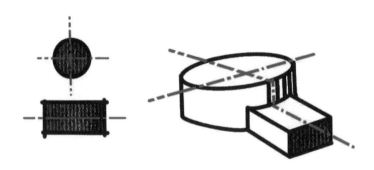

图 3-125　形状的对比

3) 直与曲的对比

在体量组合中,还可以通过直线与曲线之间的对比而求得变化。由平面围成的体量,其面与面相交所形成的棱线为直线;由曲面围成的体量,其面与面相交所形成的棱线为曲线。这两种线型分别具有不同的性格特征:直线的特点是明确、肯定,给人以刚劲挺拔的感觉;曲线的特点是柔软、活泼而富有运动感。在体量组合中,巧妙地运用直线与曲线的对比,将可以丰富建筑体形的变化(见图 3-126)。

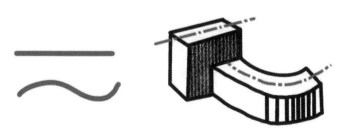

图 3-126　直与曲的对比

3. 稳定与均衡的考虑

黑格尔在《美学》一书中,曾把建筑看成是一种"笨重的物质堆",之所以笨重,就是因为在当时的条件下,建筑基本上都是用巨大的石块堆砌出来的。在这种观念的支配下,建筑体形要想具有安全感,就必须遵循稳定与均衡的原则。

1)稳定

所谓稳定的原则,就是像金字塔(见图 3-127)那样,形成下部大、上部小的方锥体;或像我国西安大雁塔(见图 3-128)那样,每升高一层就向内做适当的收缩,最终形成一种下大上小的阶梯形。西方古典建筑和我国解放初期建造的许多公共建筑,其体量组合大体上遵循的就是这种原则。

图 3-127　古埃及金字塔

图 3-128　西安大雁塔

但是在建筑发展的长河中,没有哪一个问题像"稳定"那样,随着技术的发展,某些现代的建筑师把以往确认为不稳定的概念当作一种目标来追求。他们一反常态,或者运用大挑臂的出挑(见图 3-129);或者运用底层架空的形式,把巨大的体量支撑在细细的柱子上(见图 3-130);或者索性采用上大下小的形式,干脆把金字塔倒转过来(见图 3-131)。应当怎样来看待这个问题呢?在未做深入细致的研究之前,不能草率地下一个简单的结论。不过有一点是明确的,即人的审美观念总是和一定的技术条件相联系着。在古代,由于采用砖石结构的方法来建造建筑,因而理所当然地应当遵循金字塔式的稳定原则。可是今天,由于技术的发展和进步,则没有必要为传统的观念所羁绊。例如采用底层架空的形式,这不仅不违反力学的规律性,而且不会产生不安全或不稳定的感觉,对于这样的建筑体形理应欣然地接受。至于少数建筑似乎有意识地在追求一种不安全的新奇感,对于这一类建筑,除非有特殊理由,也是不值得提倡的。

图 3-129　流水别墅 1

图 3-130　萨伏伊别墅 1

图 3-131　成都露天音乐公园主舞台

2）均衡

在体量组合中，均衡也是一个不可忽视的问题。由具有一定重量感的建筑材料砌筑而成的建筑体量，一旦失去了均衡，就可能产生畸重畸轻、轻重失调等不愉快的感觉。不论是传统的建筑或近现代建筑，其体量组合都应当符合均衡的原则。

（1）对称形式的均衡——严谨（见图 3-132）。

图 3-132　故宫午门

（2）不对称形式的均衡——灵活（见图 3-133）。

图 3-133　斯德哥尔摩市政厅

（3）三度空间内的均衡——从各个角度，特别是从连续运动的过程中来看建筑体量组合是否符合均衡的原则（见图 3-134）。

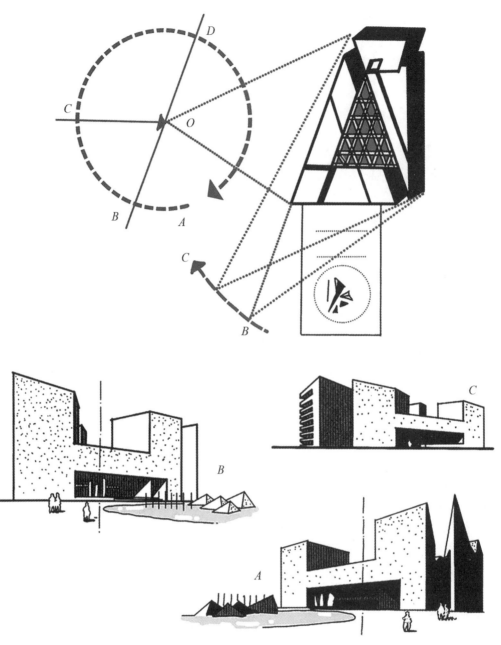

图 3-134　A—B—C 视点立面变化

所谓三度空间(三维空间)是现实生活中的空间三方面(长、宽、高)无限延伸(任意延伸)组成的立体空间,并不是绘画上表达出来的三维形象(效果),绘画效果只给人幻觉三维(其实质是平面性空间或叫二维空间)。

4.外轮廓线的处理

在考虑体量组合和立面处理时应当力求具有优美的外轮廓线。

外轮廓线是反映建筑体形的一个重要方面,给人的印象极为深刻。特别是当人们从远处或在晨曦、黄昏、雨天、雾天以及逆光等情况下看建筑物时,由于细部和内部的凹凸转折变得相对模糊,建筑物的外轮廓线则显得更加突出。为此,在考虑体量组合和立面处理时应当力求具有优美的外轮廓线。

我国传统的建筑,屋顶的形式极富变化。不同形式的屋顶,各具不同的外轮廓线,加之又呈曲线的形式,并在关键部位设兽吻、仙人、走兽,从而极大地丰富了建筑物外轮廓线的变化(见图 3-135)。

图 3-135　河北正定隆兴寺摩尼殿南立面

　　类似于中国传统建筑的这些手法,在古希腊的建筑中也不乏先例。古希腊的神庙建筑(见图 3-136),通常也在山花的正中和端部分别设置坐兽和雕饰,这和我国古建筑中的仙人、走兽所起的作用极为相似。应当怎样来解释这种现象呢?与其说是巧合,毋宁说是出于轮廓线变化的需要。

图 3-136　古希腊帕特农神庙复原图

　　我国传统建筑的这种优良传统,迄今仍然不乏借鉴的价值。例如北京火车站、毛主席纪念堂(见图 3-137)、民族文化宫、中国美术馆等建筑,外轮廓线的处理,大体上是沿用传统的形式。但是由于建筑形式日趋简洁,单靠细部装饰求得轮廓线变化的可能性愈来愈小,为此,还应当从大处着眼来考虑建筑物的外轮廓线处理。这就是说,必须通过体量组合来研究建筑物的整体轮廓变化,而不应沉溺在烦琐的细节变化上。

图 3-137　毛主席纪念堂

　　自从国外出现了所谓"国际式"建筑风格(international style)之后,出现了一些由大大小小的方盒子组成的建筑物,由此而形成的外轮廓线不可能像古代建筑那样,有丰富的曲折起伏变化,但是这并不意味着近现代建筑可以无视外轮廓线的处理。同样是由方盒子组成的建筑体形,处理得不好的,往往使人感到单调乏味;处理得巧妙的,则可以获得良好的效果。这表明,现代建筑尽管体形、轮廓比较简单,但在设计中必须通过体量组合以求得轮廓线的变化。例如某些高层建筑,虽然主体结构基本上像一个火柴盒子,但如果能够利用电梯的机房或其他公共设施,而在屋顶上局部地凸起若干部分,这将有助于打破外轮廓线的单调感。如广州白云宾馆、南京丁山宾馆等就是以这种方法而取得了较好的效果(见图 3-138)。

图 3-138　广州环市东路建筑群

5. 比例与尺度的处理

建筑物的整体以及它的每一个局部,都应当根据功能的效用、材料结构的性能以及美学的法则而赋予其合适的大小和尺寸。在设计过程中首先应该处理好建筑物整体的比例关系,也就是从体量组合入手来推敲各基本体量长、宽、高三者的比例关系以及各体量之间的比例关系。然而,体量是内部空间的反映,而内部空间的大小和形状又和功能有密切的联系,为此,要想使建筑物的基本体量具有良好的比例关系,就不能撇开功能而单纯从形式去考虑问题。那么,这是不是说建筑基本体量的比例关系会受到功能的制约呢? 诚然,它确实受到功能的制约。例如某些大空间建筑如体育馆、影剧院等,它的基本体量就是内部空间的直接反映,而内部空间的长度、宽度、高度为适应一定的功能要求都具有比较确定的尺寸,这就是说其比例关系已经大体上固定下来。此时,设计者是不能随心所欲地变更这种比例关系的,然而却可以利用空间组合的灵活性来调节基本体量的比例关系。

1)比例的处理

首先应该处理好建筑物整体的比例关系:不能撇开功能而单纯从形式去考虑问题。

在确定的功能基础上,利用空间组合的灵活性来调节基本体量的比例关系应考虑到内部分割的处理。

①先抓住大的关系(见图3-139)。

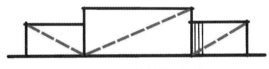

图 3-139　建筑整体比例关系

②大分割内进行再分割(见图3-140)。

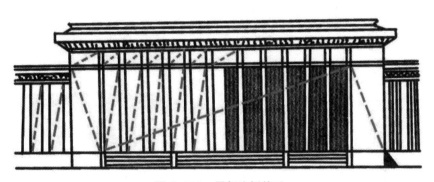

图 3-140　局部比例关系

③最后处理细部的比例关系(见图3-141)。

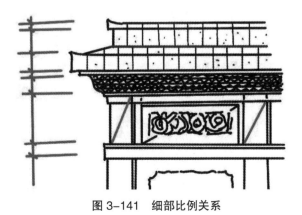

图 3-141　细部比例关系

2）尺度的处理

窗台对于显示建筑物的尺度所起的作用特别重要，它有比较确定的高度（一米左右），可以通过窗台的尺度来"量"出建筑真实的大小（见图3-142）。

图3-142　通过窗台和人来感知建筑真实的高度

在设计中切忌把各种要素按比例放大，这会使人对整体估量得不到正确的尺度感。

6. 虚实与凹凸的处理

虚与实、凹与凸在构成建筑体形中，既是互相对立的，又是相辅相成的。虚的部分如窗，由于视线可以透过它看见部分建筑物的内部，因而常使人感到轻巧、玲珑、通透。实的部分如墙、垛、柱等，不仅是结构支撑所不可缺少的构件，而且从视觉上讲也是"力"的象征。在建筑的体形和立面处理中，虚和实是缺一不可的。没有实的部分，整个建筑就会显得脆弱无力；没有虚的部分，则会使人感到呆板、笨重、沉闷。只有把这两者巧妙地组合在一起，并借各自的特点互相对比陪衬，才能使建筑物的外观既轻巧通透又坚实有力（见图3-143）。

图3-143　萨伏伊别墅2

虚——轻巧、玲珑、通透，没有虚的部分，会使人感到呆板、笨重、沉闷。

实——"力"的象征，没有实的部分，整个建筑就会显得脆弱无力。

原则——避免虚实双方处于势均力敌的状态,虚实两部分还应当有巧妙的穿插,并与凹凸等双重关系结合在一起考虑。

7. 墙面和窗的组织

一幢建筑,不论规模大小,立面上必然有许多窗洞。怎样处理这些窗洞呢？如果让它们形状各异又乱七八糟地分布在墙面上,那么势必会形成一种混乱不堪的局面。反之,如果机械地、呆板地重复一种形式,也会使人感到死板和单调。为避免这些缺点,墙面处理最关键的问题就是把墙、垛、柱、窗洞等各种要素组织在一起,而使之有条理、有秩序、有变化,特别是具有各种形式的韵律感,从而形成一个统一和谐的整体。

墙面处理不能孤立地进行,它必然要受到内部空间划分、层高变化以及梁、柱、板等结构体系的制约。重要的是形成韵律感:均匀地排列窗洞;大小窗相结合;把窗洞成双成对地排列;形成线条组织和方向感(见图3-144 至图3-146)。

图 3-144　北京西站

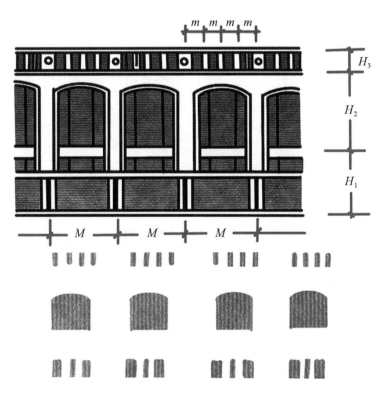

图 3-145　北京西站建筑立面片段

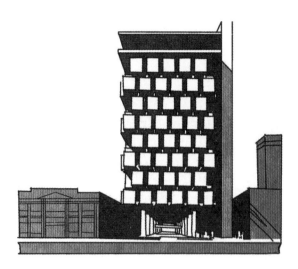

图 3-146　某银行建筑透视图

8. 色彩、质感的处理

"万全的颜色"——灰色，它可以和任何颜色相调和，却不免平庸。色彩的对比和变化主要体现在色相之间、明度之间以及纯度之间的差异性；而质感的对比和变化则主要体现在粗细之间、坚柔之间以及纹理之间的差异性。

9. 装饰与细部的处理

建筑艺术的表现力主要应当通过空间、体形的巧妙组合，整体与局部之间良好的比例关系，色彩与质感的妥善处理等来获得，而不应企求于烦琐的、矫揉造作的装饰，考虑装饰问题时一定要从全局出发，而使装饰隶属于整体（见图 3-147）。

图 3-147　流水别墅 2

3.8　群体组合的处理

任何建筑都必然要处在一定的环境之中,并和环境保持着某种联系,环境的好坏对于建筑的影响甚大。为此,在拟订建筑计划时,首先面临的问题就是选择合适的建筑地段。古今中外的建筑师都十分注意对地形、环境的选择和利用,并力求使建筑能够与环境取得有机的联系。明代著名造园家计成的《园冶》一书一开始就强调"相地"的重要性,并用相当大的篇幅来分析各类地形环境的特点,从而指出在什么样的地形条件下应当怎样加以利用,并可能获得什么样的效果。园林建筑是这样,其他类型的建筑也不例外,也都十分注重选择有利的自然地形及环境。通常所讲的"看风水",脱去封建迷信的神秘外衣,实际上也包含有相地的意思。

国外的情况也是一样。且不说少数"风景建筑"(landscape architecture),就是一般的住宅建筑,尤其是为资产阶级服务的高级别墅,也无不千方百计地逃离纷乱拥挤的大城市,选择将自己的建筑建造在安静的市郊或景色秀丽的风景区,物色优美的自然环境。

对于环境和自然,应当取何种态度呢? 各个建筑师的看法很不相同。例如赖特,作为现代建筑巨匠,他极力主张"建筑应该是自然的,要成为自然的一部分"。赖特以他的浪漫主义的"草原式"住宅而著称,"草原式"这一名称正是他用来象征其作品与美国西部一望无际的大草原相结合之意。从这里就已经流露出他对世俗的厌烦,企图寻求世外桃源,并把对大自然的向往当作一种精神寄托。从"草原式"住宅开始而逐渐形成的"有机建筑"论,则进一步为他狂热地追求自然美和原始美奠定了理论基础。在他看来,人们建造房子应当和麻雀做窝或蜜蜂筑巢一样凭着动物的本能行事,他极力强调建筑应当像天然生长在地面上的生物一样蔓延、攀附在大地上。简言之:"建筑就应当模仿自然界有机体的形式,从而和自然环境保持和谐一致的关系。"这种观点应当说是处理建筑和自然环境关系的一种有代表性的主张。

和这种观点针锋相对的是后起的马瑟·布劳亚的观点。他在论到"风景中的建筑"时说:"建筑是人造的东西,晶体般的构造物,它没有必要模仿自然,它应当和自然形成对比。一幢建筑物具有直线的、几何形式的线条,即使其中也有自然曲线,它也应该明确地表现出它是人工建造的,而不是自然生长出来的。我找不出任何一点理由说明建筑应该模拟自然,模拟有机体或者自发生长出来的形式。"他的这种观点和勒·柯布西耶所提出的"建筑是居住的机器"基本一致,即认为建筑是人工产品,不应当模仿有机体,而应与自然构成一种对比的关系。

在对待自然环境的态度上,以上是两种截然对立的观点,它们是不是可以并存? 实际上是可以并存的。赖特主张建筑与自然协调一致,其最终目的无非是使建筑与环境相统一。布劳亚虽然强调建筑是人工产品,但并不是说它可以脱离自然而孤立地存在,他在同一本书中又说:"建筑就是建筑,它有权利按其本身存在,并与自然共存。我并不把它看成是孤立的组合,而是和自然互相联系的,它们构成一种对比的组合。"从这里可以看出,尽管他们所强调的侧重点有所不同,但都不否定建筑应当与环境共存,并互相联系,这实质上就是建筑与环境相统一。所不同的是,一个是通过调和而达到统一,另一个则是通过对比而达到统一。

在对待建筑与环境的关系方面,我国古典园林也有其独到之处。它一方面强调利用自然环境,但同时又不惜以人工的方法来"造景"——按照人的意图创造自然环境；它既强调效法自然，但又不是简单地模仿自然，而是艺术地再现自然。另外，在建筑物的配置上也是尽量顺应自然、随高就低、蜿蜒曲折而不拘一格，从而使建筑与周围的山、水、石、木等自然物统一和谐、融为一体，并收到"虽由人作，宛自天开"的效果。我国传统的造园艺术，尽管手法独特，但最终目的也无非是使建筑与环境相统一。

　　建筑与环境的统一主要是指两者联系的有机性，它不仅体现在建筑物的体形组合和立面处理上，同时还体现在内部空间的组织和安排上。例如赖特的"流水别墅"和"西塔里埃森"都是建筑与环境互相协调的范例。这两幢建筑从里到外都和自然环境有机地结合在一起，用赖特自己的话来讲，就是"体现出周围环境的统一感，把房子做成它所在地段的一部分"。

3.8.1　群体组合的意义

　　在评价建筑的时候，不能只着眼于某一单个的建筑，这是因为单体建筑只有与环境及其他建筑组合成为一个有机整体时才能完整、充分地表现出它的价值。例如雅典卫城和明、清故宫，如果脱离了群体而孤立地来看其中任何一幢建筑，甚至包括帕特农神庙和太和殿，尽管其本身都具有十分完美的艺术形象，但其感染力也将受到极大的影响（见图 3–148 和图 3–149）。

图 3–148　北京故宫 1

图 3–149　古希腊雅典卫城

　　天安门广场是我国人民革命胜利的象征,不仅可以供群众集会或进行其他各种政治活动,而且具有一定的艺术感染力——这就是通过群体组合而使各建筑物之间互相呼应、吸引、陪衬,并通过广场、道路、绿化等处理而造成一种既庄严、雄伟又开朗的气氛(见图3-150)。

图 3-150　天安门广场

3.8.2　建筑与环境

　　建筑不是孤立存在的,它必然处在一定的环境之中,不同环境对建筑的影响不同,所以在设计建筑时必须考虑建筑与周围环境的协调关系。这就使得建筑师在设计房子的时候必须周密地考虑到建筑物与环境之间的关系问题,并力图使所设计的建筑能够与环境相协调,甚至与环境融为一体。如果做到了这一点,就意味着已经把人工美与自然美巧妙地结合在一起,于是就能使其相得益彰,大大提高建筑艺术的感染力(见图3-151)。反之,如果建筑与环境的关系处理得不好,甚至格格不入,那么,不论建筑本身如何完美,也不可能取得良好的效果。

图 3-151　乌镇木心美术馆

我国古典园林在设计时十分强调利用自然地形开池引水、堆山叠石,使之"有高有低、有曲有直",并具有自然之趣(见图 3–152)。

图 3–152　苏州留园

范斯沃斯住宅是密斯·凡·德·罗在 1945 年为美国单身女医师范斯沃斯设计的一栋住宅,1950 年落成。住宅坐落在帕拉诺南部的福克斯河右岸,房子四周是一片平坦的牧野,夹杂着丛生茂密的树林。与其他住宅建筑不同的是,范斯沃斯住宅以大片的玻璃取代了阻隔视线的墙面,成为名副其实的"看得见风景的房间"(见图 3–153)。

图 3–153　美国范斯沃斯住宅

3.8.3　结合地形

如果说功能是从内部来制约建筑形式的话,那么地形就是从外部来影响建筑形式的。一幢建筑之所以设计成某种形式,追根溯源,往往与内、外两方面因素密切相关。如在倾斜的场地上建造,坡度常常成为项目的主要挑战。因此,建筑师带来了各种不同的解决形式,如覆盖地面,利用坡度,或将建筑埋入地面,这让坡度成了项目的决定性因素。

1.乌巴图巴住宅

乌巴图巴是巴西圣保罗州最重要的海滨城市之一。它正好位于南回归线上,是巴西众所周知降水最多的地区。乌巴图巴住宅基地长 55 m、宽 16 m,位于 Tenorio 海滩的最右端,一侧毗邻海岸,另一侧依靠坡度 50% 的陡坡,唯一到达基地的道路与其之间的高差有 28 m。乌巴图巴住宅坚硬陡峭的山体和周围的绿树被整个环境保护,它们给了设计师很多灵感。住宅由三个混凝土柱子支撑,横梁等的设置使住户能在每一个房间享受无尽的海景(见图 3-154 和图 3-155)。

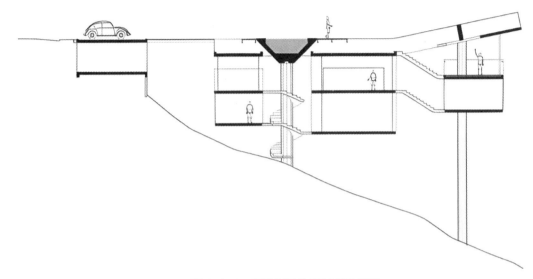

图 3-154　乌巴图巴住宅剖面示意图

图 3-155　乌巴图巴住宅一角

2.Bedolla 私宅

这个私宅设计案例在一个复杂的地形中,位于山脉之间,布满了巨大的雪松和橡树。该设计方案在充分结合地形的基础上,几乎保留了所有现有的树木(见图 3-156)。建筑轮廓的基础是位于不同高度的两层,每一层都设计一个独立的面向景观的开口(见图 3-157 和图 3-158)。其余的建筑面积较小,由于受到周围树木的限制,设计了两个漂浮在峡谷之上的私人和社会建筑。当我们逐渐地将包含私人体块的墙体转化为平板时,产生了一个箱形梁来解决径流上的悬臂。私宅设计利用混凝土结构协调了与地形的复杂关系,支撑着两个穿孔的石头"盒子"，自然地使房子通风，并充分利用山脉和森林的壮观景色。石头和混凝土墙清楚地定义了项目的核心：一个线性庭院，从入口一直延伸到峡谷脚下的小橡树林。私宅设计案例通过部分覆盖中心区域，一个简单的平板产生了一个不确定的空间，解决了车库的问题，形成了面向西方的露台，将社交体块的屋顶变成了日光浴室，并通过一个线性楼梯将两个体块连接起来（见图3-159）。

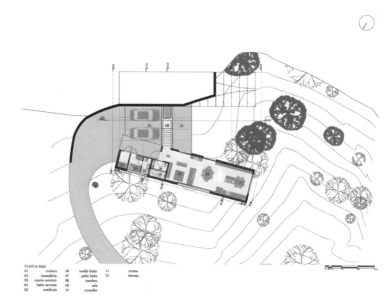

图 3-156　Bedolla 私宅总平面图

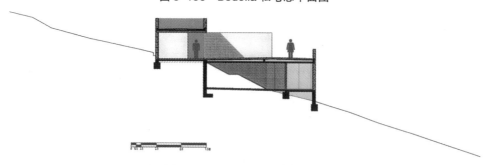

图 3-157　Bedolla 私宅剖面图

图 3-158　Bedolla 私宅一角

图 3-159　Bedolla 线性楼梯连接两个体块

3. 智利海滨住宅 Max Núñez Arquitectos

此住宅位于智利,它坐落在一个巨大的陡坡上,面朝大海,其屋顶上覆盖着连续的台阶,建筑体量与场地的陡坡平行,一直延伸到太平洋。设计者充分考虑地形的原有条件,来设计建筑的结构以及内部空间组织和室内生活方式(见图 3-160 至图 3-164)。

图 3-160　智利海滨住宅

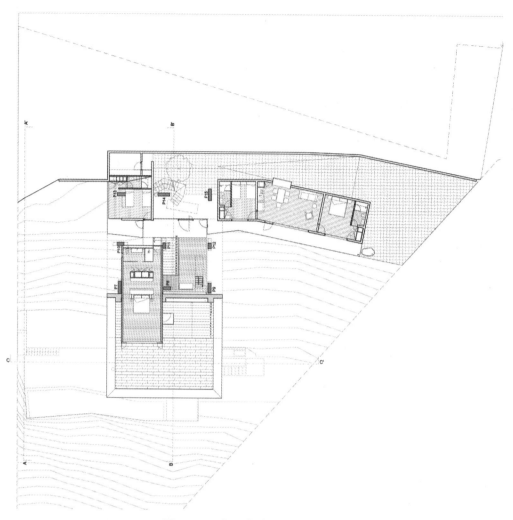

图 3-161　智利海滨住宅总平面图

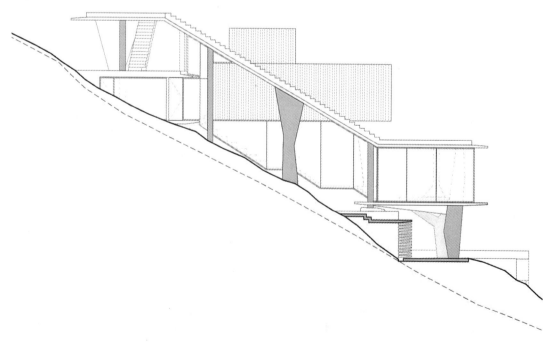

图 3-162　智利海滨住宅立面图

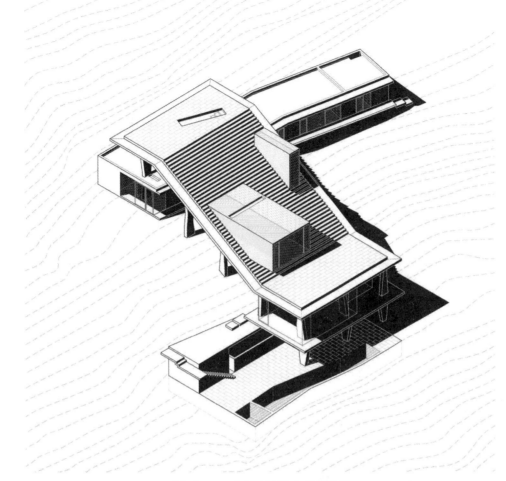

图 3-163　智利海滨住宅建筑模型

图 3-164　智利海滨住宅内部

4. 意大利山体小屋变奏曲 Pavol Mikolajcak Architekten

房屋的整体由两个均匀的结构组成,有轻微的偏差,与山坡轮廓融为一体(见图 3-165 至图 3-172)。房屋在原始状态被封存,是艾萨克(Eisack)河谷山坡"组群农庄"的典型例子。这所住宅——用石头砌成的,带木瓦屋顶和棚屋以及壮观而陡峭的茅草屋顶的房屋——是早期生活的真实写照。

图 3-165　意大利山体小屋

图 3-166　意大利山体小屋局部

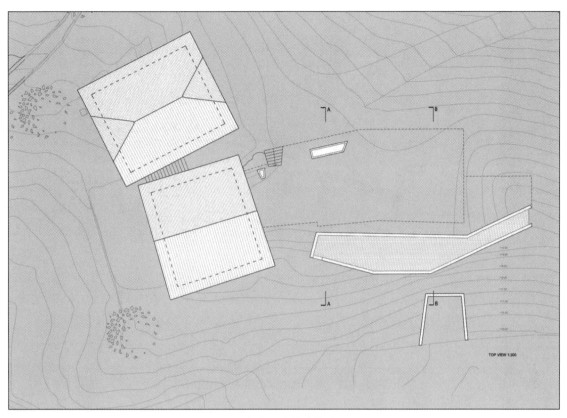

图 3-167　意大利山体小屋屋顶平面图

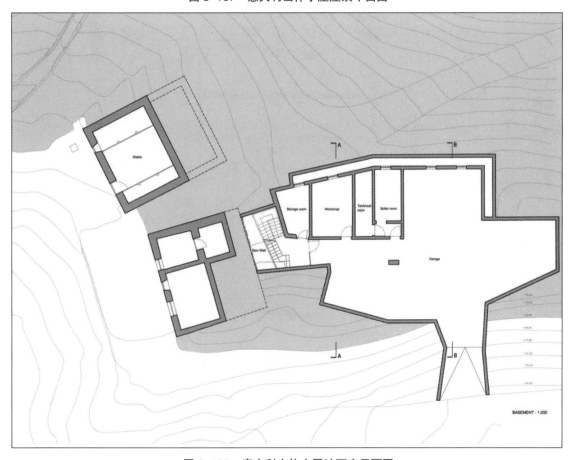

图 3-168　意大利山体小屋地下室平面图

图 3-169　意大利山体小屋一层平面图

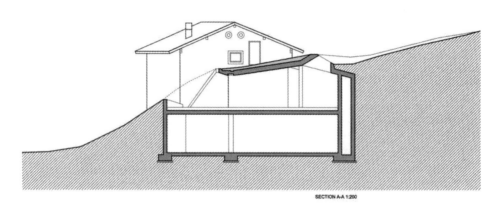

图 3-170　意大利山体小屋一层 *A—A* 剖面图

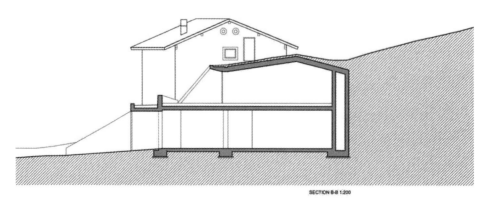

图 3-171　意大利山体小屋一层 *B—B* 剖面图

图 3-172　意大利山体小屋一角

5. 大隐于景：蒙萨拉斯之屋

这所住宅位于埃尔奇瓦(Alqueva)大湖旁边，远远看去，似乎什么都没有，与地面融为一体。蒙萨拉斯之屋利用地形浇筑成穹顶结构，刚好成为斜坡的一部分，建筑师在这里倾注了和地形相辅相成的弧形设计，让房屋有种"隐身"的感觉(见图 3-173)。

图 3-173　蒙萨拉斯之屋

在宽阔的自然景观中，房屋只有内庭和外化的倒穹顶具有一般建筑概念的房屋结构，其他地方都能让人融入自然、亲近自然(见图 3-174)。

图 3-174　蒙萨拉斯之屋倒穹顶

面对埃尔奇瓦大湖的无边无际,这个房屋建筑需要一个中心,即一个受到保护并拥抱水源的庭院。混凝土打造的穹顶入口,虽形隐而气势弥彰。在宽阔的自然景观中,该房屋的尺度便只有其中的内庭和外化的倒穹顶。它们是唯一可见的元素,并涂上了明亮的白色(见图 3-175 至图 3-177)。

图 3-175 蒙萨拉斯之屋总平面图

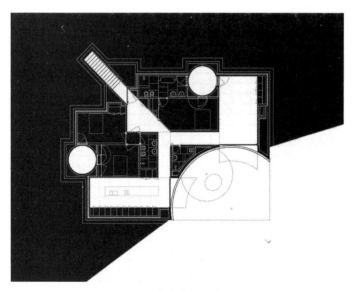

图 3-176 蒙萨拉斯之屋平面图

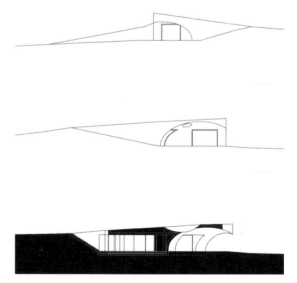

图 3-177 蒙萨拉斯之屋剖、立面图

3.8.4 各类建筑群体组合的特点

1. 公共建筑群体组合

公共建筑的类型很多,功能特点也很不相同。但是组合手法大致可以分为两大类:一类是对称的形式,这种形式较易于取得庄严的气氛(见图 3-178 和图 3-179);另一类是不对称形式,较易于取得亲切、轻松和活泼的气氛(见图 3-180 至图 3-182)。

　　对称的组合形式往往与功能要求产生矛盾,所以西方近现代建筑师对这种形式常持批判的态度,不过这也要做具体分析。诚然,不顾功能要求而盲目地追求对称,以致牵强附会,这确实是错误的,但对于一些功能要求不甚严格,而又希望获得庄严气氛的政治性、纪念性建筑群来说,使用对称形式的布局,是可以取得良好的效果的。

图 3-178　对称式——故宫

图 3-179　对称式——圣彼得广场

图 3-180　不对称式——苏州沧浪亭

图 3-181　不对称式——长沙梅溪湖艺术中心

图 3-182　不对称式——悉尼歌剧院

2. 居住建筑群体组合

居住建筑群中的住宅与住宅之间一般没有功能上的联系,所以在群体组合中不存在彼此之间的关系处理问题。居住建筑群往往以街坊或小区中的一些公共设施如托幼建筑、商铺、小学等为中心,把若干幢住宅建筑组成为团、块或街坊,从而形成较为完整的居住建筑群。

居住建筑要给住户创造舒适的居住条件,因此对于日照和通风的要求较一般建筑要高。同时,为了保证居住环境的安静,在群体组合中还应尽量避免来自外界的干扰。

居住建筑属于大量性的建筑,不仅要求建筑要简单朴素、造价低,而且群体组合在保证日照、通风要求的前提下,应尽量提高建筑密度,以节省用地(见图3-183和图3-184)。

图3-183 国内某居住小区效果图

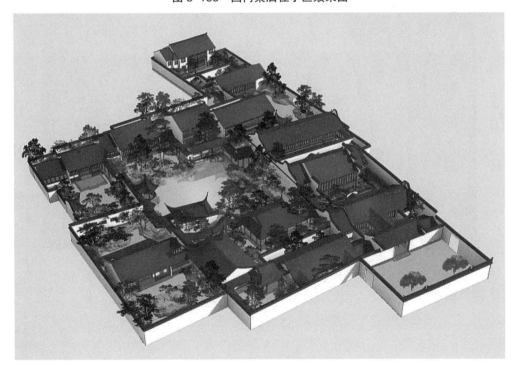

图3-184 苏州网师园

3. 工业建筑群体组合

工业建筑群体布局,首先面临的问题就是如何组织好交通运输路线。一个好的交通运输路线组织至少必须保证流畅、便捷而又互不交叉干扰(见图3-185)。

工业建筑群体布局虽然要受到生产工艺的制约,但是也不能忽视空间环境的处理(见图3-186)。

图 3-185　国内某工厂效果图

图 3-186　某工厂局部效果图

4. 沿街建筑群体组合

沿街建筑就是指沿着城镇的街道或马路两侧来排列的建筑。沿街建筑可以由商店建筑、公共建筑或居住建筑所组成。

1)分类

(1)封闭的组合形式。

建筑物沿街道两侧排列,如同屏风一样形成一个狭长的、封闭形式的空间。一般商业街均适合于采用这种形式(见图 3-187)。

优点:各建筑物紧密地连接在一起,密度大、很集中,便于人们走街串巷,寻求自己所需的商品。

缺点:空间太封闭,采光、通风、日照等条件均因建筑物过于密集而受到影响。

图 3-187　成都春熙路步行街

② 半封闭的组合形式。

街道一侧的建筑呈屏风的形式,另一侧呈独立的形式。

呈封闭形式的一侧较适合于安排商店建筑;呈独立布局的一侧则适合于布置公共建筑或住宅建筑。

③ 开敞的组合形式。

沿街道两侧的建筑均呈独立的形式,一般由公共建筑所组成的街道多采用这种组合形式。

特点:空间十分开敞;有良好的采光、通风、日照条件;可以充分地利用绿化设施以美化环境。这种组合形式也适合于居住建筑,特别是墩式的住宅。但由于建筑物太分散、联系不密切,不适合用作商业街。

④ 只沿街道一侧安排建筑的组合形式。

某些沿河、沿湖或临公园、风景区的街道,为了开阔人的视野,或借自然风景美化城市,通常只在街道的一侧布置建筑,而将沿河、沿湖或临公园、风景区的一侧处理成为绿化地带(见图 3-188)。建筑物的处理不仅要考虑到近观的效果,而且要考虑到从河、湖对岸来看的效果。

综合、交替地利用以上几种组合形式,将可以获得多样化的变化。

图 3-188　贵州某小镇

2）设计要点

（1）具有完整统一的体形组合；

（2）富有变化的街景和外轮廓线；

（3）统一和谐的建筑形式和风格；

（4）统一和谐的色彩与质感处理；

（5）完整统一的外部空间序列。

某沿街建筑群如图 3-189 所示。

图 3-189　某沿街建筑群

5. 国外公共活动中心群体组合

国外的一些公共活动中心，就是把某些性质上比较接近的公共建筑集中在一起，以利于某种社会活动。国外公共活动中心就性质来讲相当于我国的公共建筑群，所不同的是前者的社会性比较强，为便于公众活动，组成群体的各单幢建筑都具有相当大的独立性。

3.8.5　群体组合中的统一问题

如果说功能和地形条件可以赋予群体组合以个性，而使之千变万化、各有特色，那么统一便是寓于个性之中的共性。

1. 通过对称达到统一

为什么通过对称可以达到统一呢？这是因为对称本身就是一种制约，建筑群体于这种制约之中不仅体现出秩序，而且表现出变化（见图 3-190）。

图 3-190　北京故宫 2

2. 通过轴线的引导、转折达到统一

1) 运用情形

（1）由于功能要求不允许采用绝对对称的布局形式；

（2）因为地形条件的限制不适合采用完全对称的布局形式；

（3）因为建筑群的规模过大，仅沿着一条轴线排列，建筑可能会显得单调。

2) 设计要点

各条轴线必须互相连接并构成一个主副分明、转折适度和大体均衡的完整体系，不然的话也不可能通过它们把众多的建筑结合成为一个完整统一的整体。

排列建筑时应当特别注意轴线交叉或转折部分的处理，这些"关节点"不仅容易暴露矛盾，同时也是气氛或空间序列转换的标志，若不精心地加以处理，则可能有损于整体的有机统一。

在这种类型的群体组合中，道路、绿化所起的作用十分显著。在许多情况下，如果仅有建筑而没有道路、绿化作为陪衬，各建筑物之间的有机联系以及互相制约的关系将可能变得模糊不清。只有把道路、绿化以及其他设施一并考虑进去，作为一个完整的体系来处理，才能有效地通过它们把孤立的、分散的建筑联系成为一个整体（见图3-191）。

图 3-191　某农舍

3. 通过向心达到统一

在群体组合中，如果把建筑物环绕着某个中心来布置，并借建筑物的体形而形成一个空间，那么这几幢建筑也会由此而显现出一种秩序感和互相吸引的关系，从而结合成有机统一的整体。

4. 从与地形的结合中求得统一

真正做到与地形的结合也就是把若干幢建筑置于与地形、环境的制约关系中去，这样也会摆脱偶然性而呈现出某种条理性或秩序感，这其中自然也就包含了统一的因素。

如果能够顺应地形的变化而随高就低地布置建筑，就会使建筑与地形之间发生某种内在的联系，从而使建筑

与环境融为一体(见图 3-192)。

图 3-192　承德普陀宗乘之庙

5. 以共同的体形来求得统一

在群体组合中,各单体建筑如果在体形上包含某种共同的特点,那么这种特点就像一列数字中的公约数那样,而有助于在这列数中建立起一种和谐的秩序。所具有的特点愈明显、愈突出、愈奇特,各建筑物相互之间的共同性就愈强烈,于是由这些建筑物所组成的建筑群的统一性就显示得愈充分。

在群体组合中,各单体建筑的平面若是三角形、圆形或其他独特的形状,由此面产生的体形,必然具有明显的共同特点,借这种特点可以加强群体组合的统一性(见图 3-193)。

图 3-193　荷兰阿姆斯特丹城市山谷(Valley)实景图

6. 群体组合中建筑形式与风格的统一问题

各单体建筑的具体形式可以千变万化,但是它们之间必须具有一种统一的、协调一致的风格。就风格处理来讲,居住建筑群通常要比公共建筑群易于达到统一(见图 3-194)。

图 3-194　新加坡翠城新景公寓大楼实景图

3.8.6　外部空间的处理

1. 外部空间的两种典型形式

(1)开敞式:以空间包围建筑物,这种形式的外部空间称为开敞式的外部空间(见图 3-195)。

(2)封闭式:以建筑实体围合而形成的空间,这种空间具有较明确的形状和范围,称为封闭形式的外部空间(见图 3-196)。

图 3-195　开敞式外部空间

图 3-196　封闭式外部空间

空间的封闭程度首先取决于它的界定情况：一般地讲，四面围合的空间其封闭性最强，三面的次之，两面的再次之。当只剩下一幢孤立的建筑时，空间的封闭性就完全消失了。这时将发生一种转化——由建筑围合空间而转化为空间包围建筑。其次，同是四面围合的空间，还因其他围合条件的不同而分别具有不同程度的封闭感：围合的界面愈近、愈高、愈密实，其封闭感愈强；围合的界面愈远、愈低、愈稀疏，其封闭感则愈弱。

2. 外部空间的对比与变化

利用空间在大与小、高与低、开敞与封闭以及不同形状之间的显著差异进行对比，将可以破除单调而求得变化。

可通过以下六种手段来实现：

（1）通过门洞从一个空间看另外一个空间（见图 3-197）；

（2）通过空廊从一个空间看另外一个空间；

（3）通过两个或一列柱墩从一个空间看另外一个空间；

（4）通过建筑物透空的底层从一个空间看另外一个空间；

（5）通过相邻的两幢建筑之间的空隙从一个空间看另外一个空间；

（6）通过树丛、山石、雕像等的空隙从一个空间看另外一个空间。

图 3-197　通过门洞看到另一个空间

3. 外部空间的序列组织

外部空间序列组织可以分为以下几种基本类型：

(1)沿着一条轴线向纵深方向逐一展开；

(2)沿纵向主轴线和横向副轴线做纵、横向展开；

(3)沿纵向主轴线和斜向副轴线同时展开。

(4)做迂退、循环形式的展开。

外部空间序列视建筑群的规模大小一般可以由开始段、引导过渡段、高潮前准备段、高潮段、结尾段等不同的区段组成。

人们经过这些区段，空间忽大忽小、忽宽忽窄、时而开敞时而封闭，配合着建筑体形的起伏变化，不仅可以形成强烈的节奏感，同时还能借这种节奏而使序列本身成为一种有机、统一、完整的过程。

如苏州留园的入口空间设计就是范例。当年园主人和内眷可从内宅入园，而宾客和一般游客不能穿越内宅，故留园另设园门于当街，从两个跨院之间的备弄入园。备弄的巷道长达50余米，夹于高墙之间，如何处理？确是难题。古代匠师们采取了收、放相间的序列渐进变换的手法，运用建筑空间的大小、方向、明暗的对比，圆满地解决了这个难题：入园门便是一个比较宽敞的前厅，从厅的东侧进入狭长的曲尺形走道，再进入一个面向天井的敞厅，最后以一个半开敞的小空间作为结束。过此转至"古木交柯"，它的北墙上开漏窗一排，隐约窥见中区的山池楼阁。折而西至"绿荫"，北望中区之景豁然开朗，则已置身园中了（见图3-198）。

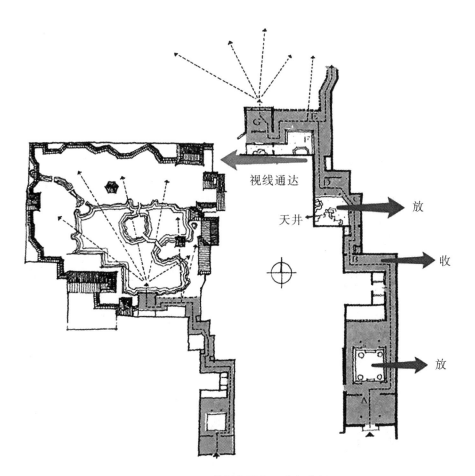

图 3-198 苏州留园入口空间分析

Jingguan Jianzhu Sheji

第四章
景观建筑设计的流程

4.1　建筑设计与景观建筑设计概述

对于风景园林、园林等涉及空间设计类的专业而言,建筑设计作为专业课程其重要性是不言而喻的。但是建筑设计方法的重要性并非人人认同,有人认为只要投入相当的时间和精力,怎样都可以把设计做好,然而当真正面对一个设计题目时,无想法、无感觉、无从下手而大叫困难的人有之,坐等灵感到来但终无所获的人也有之,原因何在? 没有掌握必要的信息资料,没有真正把握设计的规律,如何能主动把设计工作推向深入? 当我们认识到同样是设计,为什么我们可以轻松自如地为自己设计圣诞贺卡、晚会服饰和居室陈设时,就不难明白这是由于我们对这些设计对象有着深入透彻的了解,从而能够针对特定的人、时间、场合和活动内容进行特定的设计,这样的设计又怎能不成功呢? 当然建筑远比贺卡、服饰复杂得多,但是道理是一样的,要设计好就必须对建筑及建筑设计有一个深入透彻的了解与认识,就需要一个正确的设计方法与工作方法。本章从认识建筑设计开始我们对设计方法入门的讨论。

4.1.1　建筑设计的职责范围

一般所谓的建筑设计应包括方案设计、初步设计和施工图设计三大部分,即从业主提出建筑设计任务书,一直到交付建筑施工单位开始施工之全过程。这三部分在相互联系、相互制约的基础上有着明确的职责划分,其中方案设计作为建筑设计的第一阶段,担负着确立建筑的设计思想、意图,并将其形象化的职责,它对整个建筑设计过程所起的作用是开创性和指导性的;初步设计与施工图设计则是在此基础上逐步落实其经济、技术、材料等物质需求,是将设计意图逐步转化成真实建筑的重要的筹划阶段。由于方案设计突出的作用以及高等院校的优势特点,建筑学专业所进行的建筑设计的训练更多地集中于方案设计,其他部分的训练则主要通过以后的业务实践来完成(见图4-1)。

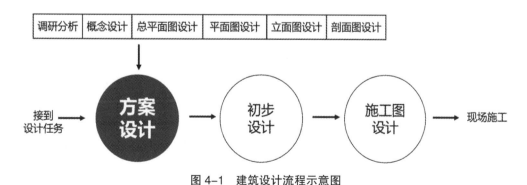

图4-1　建筑设计流程示意图

4.1.2　建筑设计的特点与要求

建筑设计作为一个全新的学习内容完全不同于制图技法训练,与形态构成训练比较也有本质的区别。建筑设计的特点可以概括为五个方面,即创造性、综合性、双重性、过程性和社会性。

1. 创作性

所谓创作是与制作相对照而言的。制作是指因循一定的操作技法,按部就班的造物活动,其特点是行为的可重复性和可模仿性,如建筑制图、工业产品制作等;而创作属于创新创造范畴,所仰赖的是主体丰富的想象力和灵活开放的思维方式,其目的是以不断的创新来完善和发展其工作对象的内在功能或外在形式,这些是重复、模仿等制作行为所不能替代的。建筑设计的创作性是人(设计者与使用者)及工程建造特点所共同要求的。一方面,建筑师面对多种多样的建筑功能和千差万别的地段环境,必须表现出充分的灵活开放性才能够解决具体的矛盾与问题;另一方面,人们对建筑形象和建筑环境有着高品质和多样性的要求,只有依赖建筑师的创新意识和创造能力才能够把属于纯物质层次的材料设备转化成为具有一定象征意义和情趣格调的真正意义上的建筑。如建筑师摩西·萨夫迪(Moshe Safdie)设计的金沙酒店(见图 4-2),大胆地将游泳池、酒廊等服务功能空间置于三座高楼顶部,将原本独立的三栋建筑连接,创造性地呈现了邮轮形态的"空中花园"这一建筑奇迹。

图 4-2　新加坡金沙酒店

建筑设计要求创作主体具有丰富的想象力和较高的审美能力、灵活开放的思维方式以及勇于克服困难、挑战权威的决心与毅力。对初学者而言,创新意识与创作能力应该是其专业学习训练的目标。

2. 综合性

建筑设计是一门综合性学科,除了建筑学外,它还涉及结构、材料、经济、社会、文化、环境、行为、心理等众多学科内容。如上文介绍的金沙酒店,设计中结合滨海片区的世界旅游中心的定位、新加坡的航运港口文化、无遮挡的海洋景观资源、创新的结构设计与施工,创造出了高举在空中的邮轮——观景服务平台。另外,建筑本身所具有的类型也是多种多样的,有居住、商业、办公、学校、体育表演、展览、纪念、交通,等等。如此纷杂多样的功能需求(包括物质、精神两个方面),我们很难通过有限的课程设计训练做到——认识、理解并掌握。因此,一套行之有效的学习方法和工作方法尤其重要。

3. 双重性

与其他学科相比较,思维方式的双重性是建筑设计思维活动的突出特点。建筑设计的全过程可以概括为分析研究—构思设计—分析选择—再构思设计……如此循环发展的过程。建筑师在每一个"分析"阶段(包括前期的设计条件、环境、经济等限制的优化分析选择)所运用的主要是分析概括、总结归纳、决策选择等基本的逻辑思维的方式,以此确立设计与选择的基础依据;而在各"构思设计"阶段,建筑师主要运用的则是形象思维,即借助于个人丰富的想象力和创造力把逻辑分析的结果发挥表达成为具体的建筑语言——包含但不限于三维空间形态。因此,建筑设计的学习训练必须兼顾逻辑思维和形象思维两个方面,不可偏废。

在建筑创作中如果弱化逻辑思维,建筑将缺少存在的合理性与可行性,成为名副其实的空中楼阁;反之,如果忽视了形象思维,建筑设计则丧失了创作的灵魂,最终得到的只是一具空洞乏味的躯壳。

4. 过程性

人们认识事物都需要一个由浅入深循序渐进的过程。对于需要投入大量人力、物力、财力,关系到国计民生的建筑工程设计更不可能是一时一日之功就能够做到的,它需要一个过程:科学、全面地分析调研,深入大胆地思考想象,不厌其烦地听取使用者的意见,需要在广泛论证的基础上优化选择方案,需要不断地推敲、修改、发展和完善。整个过程中的每一步都是互为因果、不可缺少的。只有如此,才能保障设计方案的科学性、合理性与可行性。

5. 社会性

尽管不同建筑师的作品有着不同的风格特点,从中反映出建筑师个人的价值取向与审美爱好,并由此成为建筑个性的重要组成部分;尽管建筑业主往往是以经济效益为建设的重要乃至唯一目的,但是,建筑从来都不是私人的收藏品,因为不管是私人住宅还是公共建筑,从它破土动工之日起就已具有了广泛的社会性,它已成为城市空间环境的一部分。建筑较大范围内的人们无论喜欢与否,都必须与之共处,它对人们的影响(正反两个方面)是客观实在的和不可回避的。建筑的社会性要求建筑师的创作活动既不能像画家那样只满足于自我陶醉、随心所欲,也不能像开发商那样唯利是图、拜金主义,必须综合平衡建筑的社会效益、经济效益与个性特色三者的关系,努力寻找一个可行的结合点,只有这样,才能创作出尊重环境、关怀人性的优秀作品。

4.1.3　景观建筑设计

在传统意义理解中,景观建筑相对于建筑学视角下的建筑,其面积较小,功能流线相对单一,一般基地位于风景区,或以景观为主体的环境中。也正是基于以上特点,景观建筑拥有更大的设计灵活度、与环境更强的关联度、自身设计语言的自由度。

在与时俱进的学科观点中,景观建筑应与规划、园林、生态、地理等多种学科交叉、融合,对周围环境要素进行整体考虑和设计。这里的环境要素,包括自然要素和人工要素,设计的最终目的是使建筑(群)与自然环境产生呼应关系,使其使用更方便、更舒适,并提高其整体的艺术价值。

景观建筑设计应以整体景观效果为前提进行,除建筑本身外还要解决的是一切有关户外空间设计的问题,比如户外空间中建筑与建筑、建筑与环境、建筑与人等关系问题,这明显不同于建筑师设计时仅仅考虑建筑单体的设计,也是景观建筑的特征与设计要求。

4.2　方案设计的方法概述

在现实的建筑创作中,设计方法是多种多样的。针对不同的设计对象与建设环境,不同的建筑师会采取完全不同的方法与对策,并带来不同的甚至是完全对立的设计结果。因此,在确立我们自己的设计方法之前,有必要

对现存的各种良莠不齐的设计方法及其建筑观念有一个比较理性的认识,以利于自己设计方法的探索并逐步确立。具体的设计方法可以大致归纳为"先功能后形式"和"先形式后功能"两大类。

一般而言,建筑方案设计的过程大致可以划分为任务分析、方案构思和方案完善三个阶段,其顺序过程不是单向的、一次性的,需要多次循环往复才能完成。"先功能后形式"与"先形式后功能"两种设计方法均遵循这一过程,即经过前期任务分析阶段对设计对象的功能环境有了一个比较系统而深入的了解把握之后,方开始方案的构思,然后逐步完善,直到完成。两者的最大差别主要体现为方案构思的切入点与侧重点的不同。

"先功能"是以平面设计为起点,重点研究建筑的功能需求,当确立比较完善的平面关系之后再据此转化成空间形象。这样直接"生成"的建筑造型可能是不完美的,为了进一步完善,反过来对平面做相应的调整,直到满意为止。"先功能"的优势在于:其一,由于功能环境要求是具体而明确的,与造型设计相比,从功能平面入手更易于把握、易于操作,因此对初学者最为适合;其二,因为功能满足是方案成立的首要条件,从平面入手优先考虑功能势必有利于尽快确立方案,提高设计效率。"先功能"的不足之处在于,由于空间形象设计处于滞后被动位置,可能会在一定程度上制约了对建筑形象的创造性发挥。

"先形式"则是从建筑的体形环境入手进行方案的设计构思,重点研究空间与造型,当确立一个比较满意的体形关系后,再反过来填充完善功能,并对体形进行相应的调整,如此循环往复,直到满意为止。"先形式"的优点在于,设计者可以与功能等限定条件保持一定的距离,更利于自由发挥个人丰富的想象力与创造力,从而不乏富有新意的空间形象的产生。其缺点是由于后期的"填充"、调整工作有相当的难度,对于功能复杂、规模较大的项目有可能会事倍功半,甚至无功而返。因此,该方法比较适合于功能简单、规模不大、造型要求高的建筑类型,如景观建筑。

需要指出的是,上述两种方法并非截然对立的,对于那些具有丰富经验的建筑师来说,二者甚至是难以区分的。当先从形式切入时,他会时时注意以功能调节形式;而当首先着手于平面的功能研究时,则同时迅速地构想着可能的形式效果。

景观建筑设计中无论是"先功能"或是"先形式"的设计方法,我们均可以将其归纳在以下三个步骤之中:方案设计的任务分析、方案的构思与选择、方案的调整与深入。

4.3　方案设计的任务分析

任务分析作为建筑设计的第一阶段工作,其目的就是通过对设计要求、地段环境、经济因素和相关规范资料等重要内容的系统、全面的分析研究,为方案设计确立科学的依据。

设计要求分析主要是围绕建筑设计任务书(或课程设计指示书)内的物质要求(功能空间要求)和精神要求(形式特点要求)展开。

4.3.1　功能空间要求

1. 个体空间

一般而言,一个具体的建筑是由若干个功能空间组合而成的,各个功能空间都有自己明确的功能需求。为了准确了解把握对象的设计要求,我们应对各个主要空间进行必要的分析研究,具体内容包括:

·体量大小:具体功能活动所要求的平面大小与空间高度(三维)。

·基本设施要求:对应特有的功能活动内容确立家具、陈设等基本设施。

·位置关系:自身地位以及与其他功能空间的联系。

·环境景观要求:对声、光、热及景观朝向的要求。

·空间属性:明确其是私密空间还是公共空间,是封闭空间还是开放空间。

以住宅的起居室为例,它是会客、交往和娱乐等居家活动的主要场所,其体量不宜小于 3 m×4 m×2.7 m,以满足诸如组合沙发、电视柜、陈列柜等基本家具陈设的布置。它作为居住功能空间的主体内容,应处于住宅的核心位置,并与餐厅、厨房、门厅以及卫生间等功能空间有着密切的联系。它要求有较好的日照朝向和景观条件。相对住宅其他空间而言,起居室属于公共空间,多采用开放性空间处理(见图 4-3)。

图 4-3　典型户型平面图

2. 整体功能关系

各功能空间是相互依托、密切关联的,它们依据特定的内在关系共同构成一个有机整体。我们常常用功能关系框图(见图 4-4)来形象地把握并描述这一关系,据此反映出如下内容:

（1）相互关系：是主次、并列、序列或混合关系。

对策方式：表现为树枝、串联、放射、环绕或混合等组织形式。

（2）密切程度：是密切、一般、很少或没有。

对策方式：体现为距离上的远近以及直接、间接或隔断等关联形式。

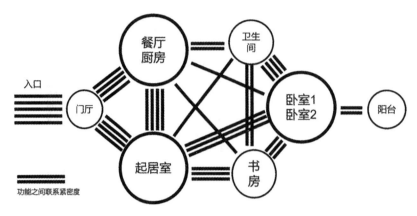

图4-4　住宅功能关系示意图

4.3.2　形式特点要求

1. 建筑类型特点

不同类型的建筑有着不同的性格特点，例如：纪念性建筑给人的印象往往是庄重、肃穆和崇高的，因为只有如此才足以寄托人们对纪念对象的崇敬仰慕之情；而居住建筑体现的是亲切、活泼和宜人的性格特点，因为这是一个居住环境所应具备的基本品质。如果把两者颠倒过来，那肯定是常人所不能接受的。因此，我们必须准确地把握建筑的类型特点，是活泼的还是严肃的，是亲切的还是雄伟的，是高雅的还是热闹的，等等，而不可自以为是。

2. 使用者个性特点

除了对建筑的类型进行充分的分析研究以外，还应对使用者的职业、年龄以及兴趣爱好等个性特点进行必要的分析研究。例如：同样是别墅，艺术家的情趣要求可能与企业家有所不同；同样是活动中心，老年人活动中心与青少年活动中心在形式与内容上也会有很大的区别。又如：有人喜欢安静，有人偏爱热闹；有人喜欢简洁明快，有人偏爱曲径通幽；有人喜欢气魄，有人偏爱平和，等等，不胜枚举。只有准确地把握使用者的个性特点，才能创作出为人们所接受并喜爱的建筑作品。

4.3.3　环境条件的调查分析

环境条件是建筑设计的客观依据。通过对环境条件的调查分析，可以很好地认识、把握地段环境的质量水平及其对建筑设计的制约影响，分清哪些条件因素是应充分利用的，哪些条件因素是可以通过改造而得以利用的，哪些因素又是必须进行回避的。具体的调查研究应包括地段环境、人文环境和城市规划设计条件等方面。

1. 地段环境

气候条件：四季冷热、干湿、雨晴和风雪情况。

地质条件：是平地、丘陵、山林还是水畔，有无树木、山川、湖泊等地貌特征。

地形地貌：自然景观资源及地段日照朝向条件；景观朝向；地段内外相关建筑状况（包括现有及未来规划的）；

现有及未来规划道路及交通状况;在城市的空间方位及联系方式。

市政设施:水、暖、电、信、气、污等管网的分布及供应情况;相关的空气污染、噪声污染和不良景观的方位及状况,主导风向等。

据此,我们可以得出对该地段比较客观、全面的环境质量评价及设计倾向性。

如项目案例通过对日照分析、交通流线分析、环境噪声来向分析、景观实现分析等方面的分析思考,发现环境条件中对项目有利及不利的影响因素,好在设计阶段有针对性地利用环境优势和规避不良环境要素(见图4-5)。

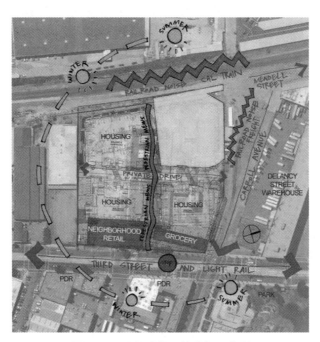

图 4-5　项目地段环境分析示意图

2. 人文环境

人文环境包括:城市性质、规模;城市及片区甚至用地的政治、文化、金融、商业、旅游、交通、工业等城市赋予的定位或定性;地方文化风俗、历史名胜、建筑特征等。人文环境为创造富有个性特色的空间造型提供必要的启发与参考。

位于意大利的米兰大教堂(见图4-6)是世界上最大的哥特式教堂,上半部分是哥特式的尖塔,下半部分是典型的巴洛克式(Baroque)风格,从上而下满饰雕塑,极尽繁复精美,是文艺复兴时期具有代表性的建筑物。外部的扶壁、塔、墙面都是垂直向上的垂直划分,全部局部和细节顶部为尖顶,整个外形充满着向天空的升腾感。教堂内外墙等处均点缀着圣人、圣女雕像,共有6000多尊,仅教堂外部就有3159尊之多。教堂顶部耸立着135个尖塔,每个尖塔上都有精致的人物雕刻。主教堂用白色大理石砌成,是欧洲最大的大理石建筑。

北京故宫(见图4-7)是中国明清两代的皇家宫殿,是世界上现存规模最大、保存最为完整的木质结构古建筑群之一。故宫严格地按《周礼·考工记》中"前朝后市,左祖右社"的帝都营建原则建造。整个故宫,在建筑布置上,用形体变化、高低起伏的手法,组合成一个整体,在功能上符合封建社会的等级制度。在故宫建筑中屋顶形式是丰富多彩的,不同形式的屋顶就有10种以上,满铺各色琉璃瓦件。

正如米兰大教堂与北京故宫——东西方建筑的两个典型代表,由于当时的政治、经济、文化、工业水平、材料技术、功能定位、文化风俗等多重因素的不同,造就了一白一红、一高耸一舒展、一石材巧夺天工一木材技艺精湛等对比强烈的建筑形态。

图 4-6　意大利米兰大教堂

图 4-7　中国北京故宫

3. 城市规划设计条件

城市规划设计条件是由城市管理职能部门依据法定的城市总体发展规划提出的,其目的是从城市宏观角度对具体的建筑项目提出若干控制性限定与要求,以确保城市整体环境的良性运行与发展。主要内容有:

(1)后退红线限定:为了满足所临城市道路(或相邻建筑)的交通、市政及日照景观要求,限定建筑物在临街(或相邻建筑)方向后退用地红线的距离。

(2)建筑高度限定:建筑有效层檐口高度,它是该建筑的最大高度。

(3)容积率限定:地面以上总建筑面积与总用地面积之比。

(4)建筑密度限定:建筑物的基底面积总和与规划建设用地面积之比。

⑤绿化率要求：用地内绿化面积与总用地面积之比。

⑥停车量要求：用地内停车位总量（包括地上、地下）等。

城市规划设计条件是建筑设计所必须严格遵守的重要前提条件之一（见图4-8）。

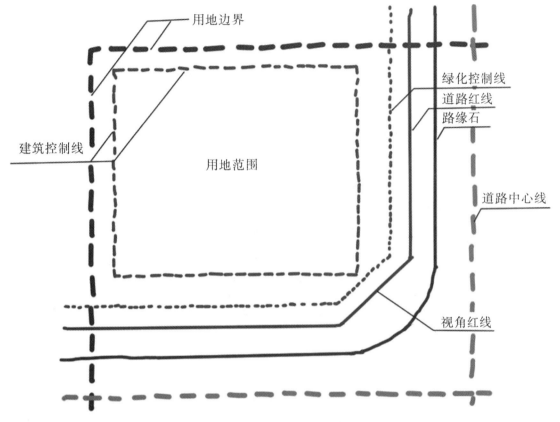

图4-8　用地控制线示意图

4.3.4　经济技术因素分析

经济技术因素是指建设者所能提供用于建设的实际经济条件与可行的技术水平。它是确立建筑的档次质量、结构形式、材料应用以及设备选择的决定性因素。如香港汇丰银行大厦（见图4-9），完工时它是世界上最昂贵的建筑（相当于今天18亿英镑的造价）。大楼采用悬挂式结构，上部结构43层，180 m高，地下有4层深16~20 m不等的地下室。总宽约55 m，总长约70 m。主要承重构件为两端的巨型格构柱，承受全楼的重力荷载和水平荷载。每个巨型格构柱的平面轮廓尺寸为4.8 m×5.1 m，由4个圆钢柱组成，钢柱间每隔3.9 m（层高）连以矩形截面加腋钢梁，形成空腹格构式的竖向构件，水平面内增加斜向的交叉撑，形成造型独特、空间灵活且结构合理的现代办公建筑。而在埃及的卡纳克神庙（见图4-10），始建于3900多年前，是古埃及帝国遗留的一座壮观的神庙。神庙内有大小20余座神殿、134根巨型石柱、狮身公羊石像等古迹，受施工技术、材料特性、经济条件等因素影响，建筑采用石材以梁板柱的形式砌筑，为创造巨大的建筑空间体量，以巨型的石柱结合长度有限的石梁，尽显宏伟气势，令人震撼。对比香港汇丰银行大厦、埃及卡纳克神庙，它们在建造材料、结构形式等多方面存在不可跨越时空的区别。

在方案设计入门阶段，由于我们所涉及的建筑规模较小、难度较低，并考虑到初学者的实际情况，经济技术因素在此不展开讨论。

图 4-9　香港汇丰银行大厦

图 4-10　埃及卡纳克神庙

4.3.5　相关资料的调研与搜集

学习并借鉴、反思前人正反两个方面的实践经验，了解并掌握相关规范制度，既是避免走弯路、走回头路的有效方法，也是认识熟悉各类型建筑的最佳捷径。因此，为了学好建筑设计，必须学会搜集并使用相关资料。结合设计对象的具体特点，资料的搜集调研可以在第一阶段一次性完成，也可以穿插于设计之中，有针对性地分阶段进行。

1. 实例调研

调研实例的选择应本着性质相同、内容相近、规模相当、方便实施并体现多样性的原则，调研的内容包括一般技术性了解（对设计构思、总体布局、平面组织和空间造型的基本了解）和使用管理情况调查（对管理、使用两方面的直接调查）两部分。最终调研的成果应以图、文形式尽可能详尽而准确地表达出来，形成一份永久性的参考资料。

2. 资料搜集

相关资料的搜集包括规范性资料和优秀设计图文资料两个方面。

建筑设计规范是为了保障建筑物的质量水平而制定的，建筑师在设计过程中必须严格遵守这一具有法律意义的强制性条文，我们在课程设计中同样应做到熟悉、掌握并严格遵守。对我们影响最大的设计规范有《民用建筑设计通则》《建筑防火通用规范》日照规范、无障碍规范等。优秀设计图、文资料的搜集与实例调研有一定的相似之处，只是前者在技术性了解的基础上更侧重于实际运营情况的调查，后者仅限于对该建筑总体布局、平面组织、空间造型等技术性了解，简单方便和资料丰富是后者的最大优势。

以上所着手的任务分析可谓内容繁杂，随着设计的进展会发现有很大一部分的工作成果并不能直接运用于具体的方案之中。我们之所以坚持认真细致、一丝不苟地完成这项工作，是因为虽然在此阶段我们不清楚哪些内容有用（直接或间接）、哪些无用，但是我们懂得只有对全部内容进行深入系统的调查、分析、整理，才可能获取所有对我们至关重要的信息资料。

4.4　方案的构思与选择

完成第一阶段后，我们对设计要求、环境条件及前人的实践已有了一个比较系统全面的了解与认识，并得出了一些原则性的结论，在此基础上可以开始方案的设计。本阶段的具体内容包括设计立意（即设计主题或概念的确立）、方案构思和多方案比较。

4.4.1　设计立意

如果把设计比喻为作文的话，那么设计立意就相当于文章的主题思想，它作为我们方案设计的行动原则和境界追求，其重要性不言而喻。严格地讲，存在着基本和高级两个层次的设计立意。前者是以指导设计，满足最基

图 4-11　《万壑松风图》

本的建筑功能、环境条件为目的;后者则在此基础上通过对设计对象深层意义的理解与把握,谋求把设计推向一个更高的境界水平。

评判一个设计立意的好坏,不仅要看设计者认识把握问题的立足高度,还应该判别它的现实可行性。例如要创作一幅命名为"深山古刹"的画,我们至少有三种立意的选择:或表现山之"深",或表现寺之"古",或"深"与"古"同时表现。可以说这三种立意均把握住了该画的本质所在,但通过进一步的分析我们发现,三者中只有一种是能够实现的。苍山之"深"是可以通过山脉的层叠曲折得以表现的,而寺庙之"古"是难以用画笔来描绘的,自然第三种亦难实现了。因此,"深"字就是它的最佳立意(至于采取怎样的方式手段来体现其"深",那则是"构思"阶段应解决的问题),如《万壑松风图》(见图 4-11)。

在确立立意的思想高度和现实可行性上,许多建筑名作的创作给了我们很好的启示。例如流水别墅(见图 4-12),它所立意追求的不是一般意义上的视觉的美观或居住的舒适,而是要把建筑融入自然,回归自然,谋求与大自然进行全方位对话,以此作为别墅设计的最高境界追求。它的具体构思从位置选择、布局、空间处理到造型设计,无不是围绕着这一立意展开的。又如朗香教堂(见图 4-13),它的立意定位在"神圣"与"神秘"的创造上,认为这是一个教堂所体现的最高品质。也正是先有了对教堂与"神圣、神秘"关系的深刻认识,才有了朗香教堂随意的平面、沉重而翻卷的深色屋檐、倾斜或弯曲的洁白墙面、耸起的形状奇特的采光井以及大小不一、形状各异的深邃的洞窗,由此构成了这一充满神秘色彩和神圣光环的旷世杰作。再如卢浮宫扩建工程(见图 4-14),原有建筑特有的历史文化地位与价值,决定了最为正确而可行的设计立意应该是无条件地保持历史建筑原有形象的完整性与独立性,而竭力避免新建、扩建部分喧宾夺主。

4.4.2　方案构思

方案构思是方案设计过程中至关重要的一个环节。如果说设计立意侧重于主题概念层次的理性思维,并呈现为抽象语言,那么方案构思则是借助于形象思维的力量,在立意的理念思想指导下,把第一阶段分析研究的成果落实为具体的建筑形态,由此完成了从物质需求到思想理念再到物质形象的质的转变。以形象思维为其突出特征的方案构思依赖的是丰富多样的想象力与创造力,它所呈现的思维方式不是单一的、固定不变的,而是开放的、多样的和发散的,是不拘一格的,因而常常是出乎意料的。一个优秀建筑给人们带来的感染力乃至震撼力无不始于此。

图 4-12　美国流水别墅

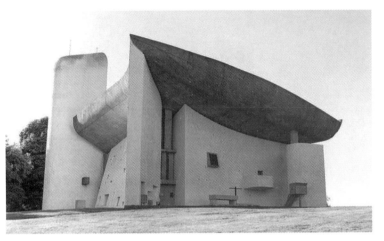

图 4-13　法国朗香教堂

图 4-14　法国卢浮宫

　　想象力与创造力不是凭空而来的,除了平时的学习训练外,充分的启发与适度的形象"刺激"是必不可少的。比如,可以通过阅读资料、绘制草图、制作模型等方式来达到刺激思维、促进想象的目的。

　　形象思维的特点也决定了具体方案构思的切入点必然是多种多样的,可以从功能入手、从环境入手,也可以从结构及经济技术入手,由点及面,逐步发展,形成一个方案的雏形。

1. 从环境特点入手进行方案构思

　　富有个性特点的环境因素如地形地貌、景观朝向以及道路交通等均可成为方案构思的启发点和切入点。例如流水别墅（见图4-15），它在认识并利用环境方面堪称典范。该建筑选址于风景优美的熊溪边，四季溪水潺潺，树木浓密，两岸层层叠叠的巨大岩石构成其独特的地形地貌特点。赖特在处理建筑与景观的关系上，不仅考虑到了对景观利用的一面——使建筑的主要朝向与景观方向相一致，成为一个理想的观景点，而且有着增色环境的更高追求——将建筑置于溪流瀑布之上，为溪流平添了一道新的风景。他利用地形高差，把建筑主入口设于一、二层之间的高度上，这样不仅车辆可以直达，也密切了与室内上、下层的联系。最为突出的是，流水别墅富有构成韵味（单元体的叠加）的独特造型与溪流两岸层叠有序、棱角分明的岩石形象有着显而易见的因果联系，真正体现了有机建筑的思想精髓。

图4-15　流水别墅实景图

在华盛顿国家美术馆东馆（见图4-16）的方案构思中，地段环境尤其是地段形状起到了举足轻重的作用。该用地呈楔形，位于城市中心广场东西轴线北侧，其楔形底面对新古典式的国家美术馆老馆（该建筑的东西向对称轴贯穿新馆用地）。在此，严谨对称的大环境与非规则的地段形状构成了尖锐的矛盾冲突，设计者紧紧把握住地段形状这一突出的特点，选择了两个三角形拼合的布局形式，使新建筑与周边环境关系处理得天衣无缝。分析如下：其一，建筑平面形状与用地轮廓呈平行对应关系，形成建筑与地段环境的最直接有力的呼应；其二，将等腰三角形（两个三角形中的主体）与老馆置于同一轴线之上，并在其间设一过渡性雕塑（圆形）广场，从而确立了新老建筑之间的真正对话。由此而产生的雕塑般有力的体块形象、简洁明快的虚实变化使该建筑富有独特的个性和浓郁的时代感（见图4-17和图4-18）。又如卢浮宫扩建工程，把新建建筑全部埋于地下，外露形象仅为一宁静而剔透的金字塔形玻璃天窗，从中所显现出的是建筑师尊重人文环境、保护历史遗产的可贵追求。

图4-16　华盛顿国家美术馆东馆入口实景图

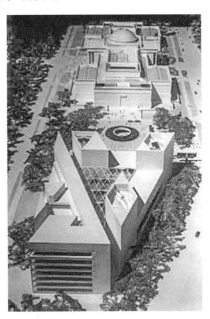

图4-17　华盛顿国家美术馆模型

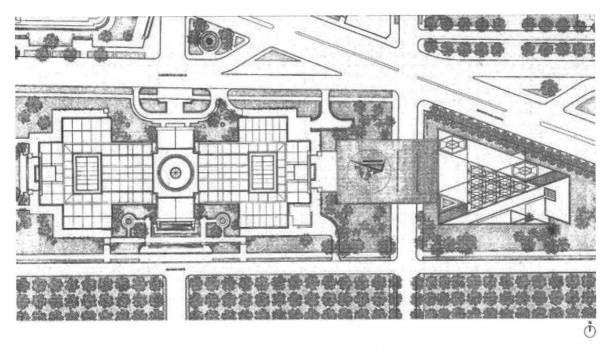

图4-18　华盛顿国家美术馆东西两馆总平面图

2. 从具体功能特点入手进行方案构思

在建筑设计中更圆满、更合理、更富有新意地满足功能需求一直是建筑师所梦寐以求的，具体设计实践中它往往是进行方案构思的主要突破口之一。

由密斯设计的巴塞罗那国际博览会德国馆（见图4-19至图4-21），之所以成为近现代建筑史上的一个杰作，功能上的突破与创新是其主要的原因之一。空间序列是展示性建筑的主要组织形式，即把各个展示空间按照一定的顺序依次排列起来，以确保观众流畅和连续地进行参观浏览。一般参观路线是固定的，也是唯一的，这在很大程度上制约了参观者自由选择浏览路线的可能。在德国馆的设计中，基于能让人们进行自由选择这一思想，创造出具有自由序列特点的"流动空间"，给人以耳目一新的感受。

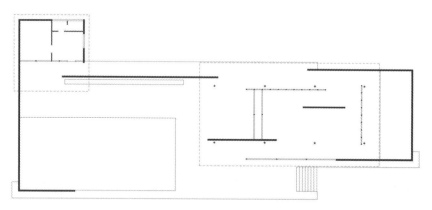

图4-19　巴塞罗那国际博览会德国馆平面图

图4-20　巴塞罗那国际博览会德国馆室内实景图1

图4-21　巴塞罗那国际博览会德国馆室内实景图2

同样是展示建筑，出自赖特之手的纽约古根海姆博物馆却有着完全不同的构思重点（见图4-22）。由于用地紧张，该建筑只能建为多层，而参观路线势必会因分层而打断。对此，设计者创造性地把展示空间设计为一个环绕圆形中庭缓慢旋转上升的连续空间，保证了参观路线的连续与流畅（见图4-23），并使其建筑造型别具一格。

北京四中教学楼设计也是一个成功的范例（见图4-24）。一般的教室平面多为矩形，但矩形教室存在着或是视距偏远（纵向长时）或是视线角度偏大（横向长时）的弊端（见图4-25）。设计者通过深入研究教室的使用特点，摒弃了常用的矩形而采用六边形平面，取得了大容量、短视距和小视角的综合效果（见图4-26）。另外，因多个六边形教室组合而自然形成的走廊空间的收放变化，既满足了交通疏散的要求，也为学生提供了多个课间交往娱乐的理想空间。

除了从环境、功能入手进行构思外，具体的任务需求特点、结构形式、经济因素乃至地方特色均可以成为设计构思可行的切入点与突破口。另外需要特别强调的是，在具体的方案设计中，同时从多个方面进行构思、寻求突破（例如同时考虑功能、环境、经济、结构等多个方面），或者是在不同的设计构思阶段选择不同的侧重点（例如在总体布局时从环境入手，在平面设计时从功能入手等）都是常用、普遍的构思手段，这样既能保证构思的深入和独到，又可避免构思流于片面、走向极端。

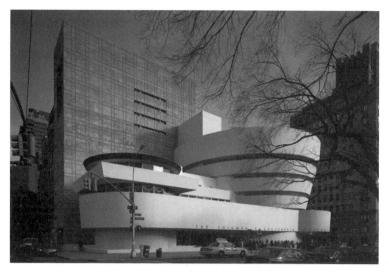

图 4-22　美国古根海姆博物馆实景图

图 4-23　美国古根海姆博物馆室内实景图

图 4-24　北京四中校区模型图

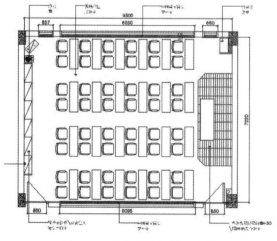

图 4-25　传统教室平面示意图

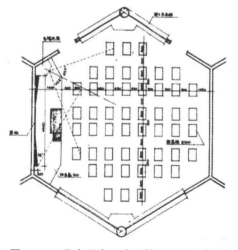

图 4-26　北京四中六边形教室平面示意图

4.4.3　多方案比较

1. 多方案的必要性

多方案构思是建筑设计的本质反映。中学的教育内容与学习方式在一定程度上养成了我们认识事物、解决问题的定式，即习惯于方法、结果的唯一性与明确性。然而对于建筑设计而言，认识和解决问题的方式、结果是多样的、相对的和不确定的。这是由于影响建筑设计的客观因素众多，在认识和对待这些因素时设计者任何些微的侧重都会导致不同的方案对策，只要设计者没有偏离正确的建筑观，所产生的任何不同方案就没有简单意义上的对错之分，而只有优劣之别。

多方案构思也是建筑设计目的性所要求的。无论是对于设计者还是建设者，方案构思是一个过程而不是目的，其最终目的是取得一个尽善尽美的实施方案。然而，我们又怎样去获得这样一个理想而完美的实施方案呢？我们知道，要求一个"绝对意义"的最佳方案是不可能的，因为在现实的时间、经济以及技术条件下，我们不具备穷尽所有方案的可能性，我们所能够获得的只能是"相对意义"上的，即在可及的数量范围内的"最佳"方案。在此，唯有多方案构思是实现这一目标的可行方法。

另外，多方案构思是民主参与意识所要求的。让使用者和管理者真正参与到建筑设计中来，是建筑以人为本这一追求的具体体现，多方案构思所伴随而来的分析、比较、选择的过程使其真正成为可能。这种参与不仅表现为评价选择设计者提出的设计成果，而且应该落实到对设计的发展方向乃至具体的处理方式提出疑问、发表见解，使方案设计这一行为活动真正担负起其应有的社会责任。如已落成的中国国家大剧院在设计阶段，向全球征集设计方案（见图4-27和图4-28），通过多方案多轮的比选，才选出综合的最符合需求的优秀建筑设计作品，并呈现在世人面前（见图4-29）。

图4-27　德国 HPP 建筑事务所竞赛方案示意图

图4-28　清华大学＋巴黎机场公司竞赛方案示意图

图 4–29　北京国家大剧院实景图

2. 多方案构思的原则

为了实现方案的优化选择，多方案构思应满足如下原则。其一，应提出数量尽可能多、差别尽可能大的方案。类似上文所提及的国家大剧院的设计过程，邀请多家设计单位针对同一项目开展设计竞赛，得到各不相同的多种方案设计；亦可针对一个项目由单一设计方同时设计多个方案，进行不同设计思考下的方案比选（见图 4–30）。如前所述，供选择方案的数量大小以及差异程度是决定方案优化水平的基本尺码：差异性保障了方案间的可比较性，而相当的数量则保障了科学选择所需要的足够空间范围。为了达到这一目的，我们必须学会从多角度、多方位来审视题目，把握环境，通过有意识有目的地变换侧重点来实现方案在整体布局、形式组织以及造型设计上的多样性与丰富性。其二，任何方案的提出都必须是在满足功能与环境要求的基础之上的，否则，再多的方案也毫无意义。为此，我们在方案的尝试过程中就应进行必要的筛选，随时否定那些不现实、不可取的构思，以避免时间精力的无谓浪费。

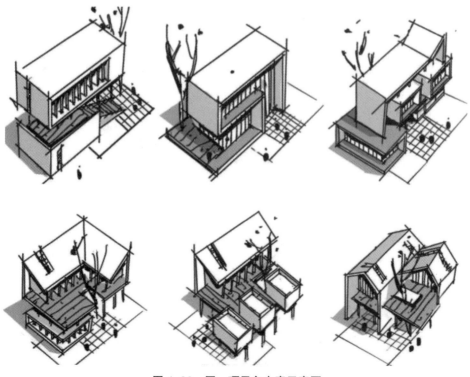

图 4–30　同一项目多方案示意图

3. 多方案的比较与优化选择

当完成多方案后，我们将展开对方案的分析比较，从中选择出理想的方案。方案分析比较的重点应集中在三个方面。其一，比较设计要求的满足程度。是否满足基本的设计要求（包括功能、环境、结构等诸因素）是鉴别一个方案是否合格的起码标准。一个方案无论构思如何独到，如果不能满足基本的设计要求，绝不可能成为一个好的设计。其二，比较个性特色是否突出。一个好的建筑（方案）应该是优美动人的，缺乏个性的建筑（方案）肯定是平淡乏味、难以打动人的，因此也是不可取的。其三，比较修改调整的可能性。虽然任何方案或多或少都会有一些缺点，但有的方案的缺陷尽管不是致命的，却是难以修改的。如果进行彻底的修改不是带来新的更大的问题，就是完全失去了原有方案的特色和优势，对此类方案应给予足够的重视，以防留下隐患。

如当年的上海东方明珠塔的方案设计比选，评委们综合评价设计方案的功能合理性、建筑与场地关系的合理性、塔本身的结构合理性、建设经济性、造型外观的时代性、文化性、城市片区的定位、发展的前瞻性等多方面因素，最终确定了现已建成的方案（见图4-31）。

图4-31　上海东方明珠塔设计方案比选示意图

4.5　方案的调整与深入

发展方案虽然是通过比较选择出的最佳方案，但此时的设计还处在大想法、粗线条的层次上，某些方面还存在着这样或那样的问题。为了达到方案设计的最终要求，还需要一个调整和深化的过程。

4.5.1　方案的调整

方案调整阶段的主要任务是解决多方案分析、比较过程中所发现的矛盾与问题，并弥补设计缺陷。发展方案无论是在满足设计要求还是在具备个性特色上已有相当的基础,对它的调整应控制在适度的范围内,只限于对个别问题进行局部的修改与补充,力求不影响或改变原有方案的整体布局和基本构思,并能进一步提升方案已有的优势内容。我们以居住区入口大门的平面方案设计为例:

在整体布局中,充分考虑并利用环境条件进行合理分区:大门沿街为居住区的入口,门前外部为小型广场,方便集散;内部为居住区内道路,通往各楼栋。在此范围内规划大门的基本形态,为矩形有顶门洞,再辅以具体的功能空间与设施。

在功能规划中,结合居住区的实际需求:居住区大门作为分隔居住区内部与外部城市道路的分界线,应从空间界定、流线设计、安全设计等方面充分考虑,满足居民及访客使用方便,进入流程顺畅,门卫安全检查或即时辅助的便捷。设计安保室(门卫岗亭)、挡墙或围栏、出入刷卡闸机等设施。

在方案一(见图 4-32)中,大门两侧设置门岗空间,中央靠近门岗位置设置进出闸机,方便门岗中的工作人员针对进出过程中的问题即时便捷地提供服务。进出闸机分于空间两侧布置,将进出人流分散设置,避免聚集带来的通行不畅。空间中央设置与闸机同高度的透明有机玻璃栏杆,局部可开合,满足临时超宽通行需求;同时空间上部通透的空间效果实现视线向内部延伸,扩展空间,将居住区内部的中央景色透过大门展示出来。如此设计除了以上优势外也不免有所弊端:闸机两端分置距离较远,需分别设置门岗服务,物业成本较高,且双门岗的建筑面积过大,水电暖等能耗均较大;中央通透,居住区内部私密性较差,带来安全风险。故将方案调整至方案二。

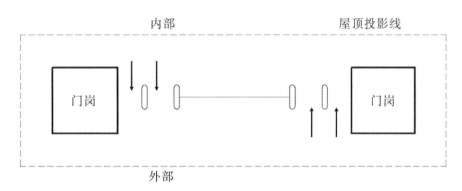

图 4-32　居住区入口大门平面示意图 1

在方案二(见图 4-33)中,门岗室居中布置,两侧布置进出闸机,相较方案一在物业管理成本上更优,对进出双方向人流服务依旧便捷,同时门岗室在大门空间中央,对内外景观有较好的视线阻隔,提升私密性。大门两侧做喇叭口造型,做出进出的空间动势,内侧凹口可做快递收发或做其他辅助功能使用。方案二虽针对方案一的部分问题做出了针对性优化调整,但整体空间布局与方案一仍然相似。

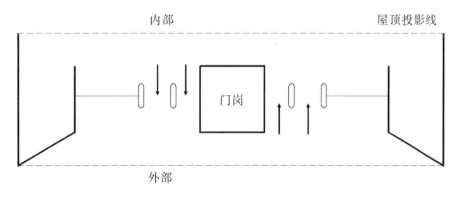

图 4-33　居住区入口大门平面示意图 2

在方案三（见图 4-34）中，设计师希望进一步提升居住区入口品质，引入中国传统文化的含蓄内敛的特征，借用古典园林中起承转合空间序列的设计手法，摒弃方案一和方案二的对称式布局，将大门设计为更富有趣味性和文化韵味的居住区入口空间。大门设计整体为非对称布局，整体造型由转折的片墙、方形的门岗室和进入时背景的方通构筑物组成，平面中体现点线面的构成原则，在空间关系中也做到以视线阻隔为主，同时格栅的应用避免空间的封闭感，做到虚实结合。流线设计中结合空间的起承转合，做到顺而不穿，将闸机及人员停留空间遮挡，注重隐私与内外双向整体景观效果。

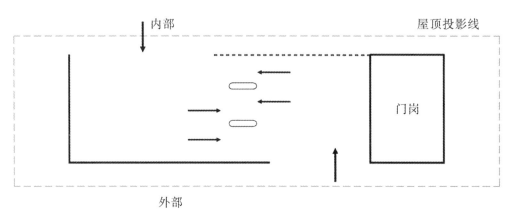

图 4-34　居住区入口大门平面示意图 3

经过对具体设计方案的不断优化调整，多维度地针对需求与解决方案进行分析论证，找到综合比较中更适合的设计方案。

4.5.2　方案的深入

到此为止，方案的设计深度仅限于确立一个合理的总体布局、交通流线组织、功能空间组织以及与内外相协调统一的体量关系和虚实关系，要达到方案设计的最终要求，还需要一个从粗略到细致刻画、从模糊到明确落实、从概念到具体量化的进一步深化的过程。

深化过程主要通过放大图纸比例，由面及点，从大到小，分层次、分步骤进行。方案构思阶段的比例（如上文中的居住区大门的建筑设计）一般为 1：200 或 1：300；到方案深化阶段，其比例应放大到 1：100 甚至 1：50。在此比例上，首先应明确并量化其相关体系、构件的位置、形状、大小及其相互关系，包括结构形式、建筑轴线尺寸、建筑内外高度、墙及柱宽度、屋顶结构及构造形式、门窗位置及大小、室内外高差、家具的布置与尺寸、台阶踏步、道路宽度以及室外平台大小等具体内容，并将其准确无误地反映到平面图、立面图、剖面图及总平面图中来。

该阶段的工作还应包括统计并核对方案设计的技术经济指标，如建筑面积、容积率、绿化率等，如果发现指标不符合规定要求，须对方案进行相应调整。其次应分别对平面图、立面图、剖面图及总平面图进行更为深入细致的推敲刻画。具体内容应包括总平面图设计中的室外场地规划、道路铺地、绿化组织、室外小品与陈设，平面图设计中的家具造型、室内陈设与室内铺地，立面图设计中的墙面、门窗的划分形式、材料质感及色彩光影等。

在方案的深入过程中，除了进行并完成以上的工作外，还应注意以下几点。第一，各部分的设计尤其是立面设计,应严格遵循一般形式美的原则,注意对尺度比例、均衡、韵律、协调、虚实、光影、质感以及色彩等原则规律的把握与运用,以确保取得一个理想的建筑空间形象。第二,方案的深入过程必然伴随着一系列新的调整,除了各个部分自身需要适应调整外,各部分之间必然也会产生相互作用、相互影响,如平面的深入可能会影响到立面与剖面的设计,同样立面、剖面的深入也会涉及平面的处理,对此应有充分的认识。第三,方案的深入过程不可能是一次性完成的,需经历深入—调整—再深入—再调整的多次循环过程,这其中所体现的工作强度与工作难度是可想而知的。因此,要想完成一个高水平的方案设计,除了要求具备深厚的专业知识、较强的设计能力、正确的设计方法以及极大的专业兴趣外,细心、耐心是必不可少的素质。

4.5.3　方案设计的表达

方案的表现是建筑方案设计的一个重要环节,方案表现是否充分、是否美观得体,不仅关系到方案设计的形象效果,而且会影响方案的社会认可。依据目的性的不同,方案表现可以划分为设计推敲性表现与展示性表现两种。

1.设计推敲性表现

推敲性表现是建筑师为自己所表现的,它是建筑师在各阶段构思过程中所进行的主要外在性工作,是建筑师形象思维活动的最直接、最真实的记录与展现。它的重要作用体现在两个方面:其一,在建筑师的构思过程中,推敲性表现可以以具体的空间形象刺激强化建筑师的形象思维活动,从而利于更为丰富生动的构思的产生;其二,推敲性表现的具体成果为建筑师分析、判断、抉择方案构思确立了具体对象与依据。推敲性表现在实际操作中有如下几种形式。

1)草图表现

草图表现是一种传统的,也是被实践证明行之有效的推敲性表现方法。它的特点是操作迅速而简洁,并可以进行比较深入的细部刻画,尤其擅长于对局部空间造型的推敲处理。草图表现的不足在于它对徒手表现技巧有较高的要求,从而决定了它有流于失真的可能,并且每次只能表现一个角度也在一定程度上制约了它的表现力(见图4-35至图4-38)。

图4-35　迪士尼音乐厅设计草图

图4-36　迪士尼音乐厅建成实景图

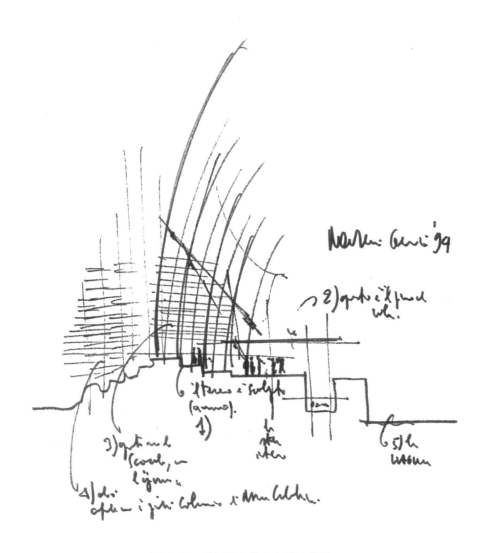

图 4-37　芝贝欧文化中心设计草图

图 4-38　芝贝欧文化中心建成实景图

2）草模表现

草模是能体现空间意向或空间关系，但制作相对粗糙、用时较短的模型。其表现直观而具体，由于充分发挥三维空间可以全方位进行观察之优势，所以对空间造型的内部整体关系以及外部环境关系的表现能力尤为突出（见图4-39和图4-40）。

图 4-39　草图与草模表现示意图 1

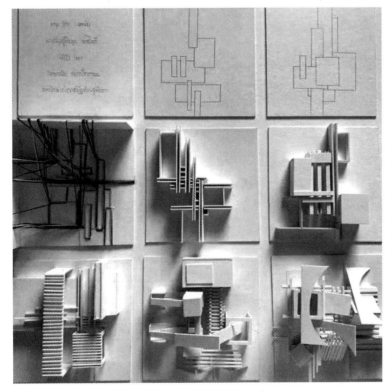

图 4-40　草图与草模表现示意图 2

3)计算机模型表现

随着计算机技术的发展,计算机模型表现又为推敲性表现增添了一种新的手段。计算机模型表现兼顾了草图表现和草模表现两者的优点,在很大程度上弥补了它们的缺点。它既可以像草图表现那样进行深入的细部刻画,又能使其表现做到直观具体而不失真;它既可以全方位表现空间造型的整体关系与环境关系,又有效地杜绝了模型比例大小的制约,等等(见图4-41)。

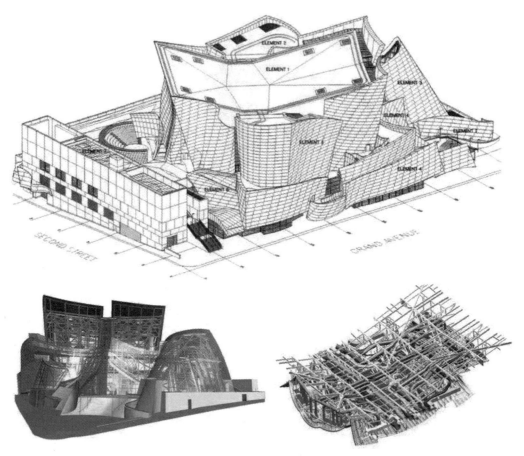

图4-41　计算机模型表现示意图

2. 展示性表现

展示性表现是指建筑师针对阶段性的讨论,尤其是最终成果汇报所进行的方案设计表现。它要求该表现应具有完整明确、美观得体的特点,以保证把方案所具有的立意构思、空间形象以及气质特点充分展现出来,从而最大限度地赢得评判者的认可。因此,对于展示性表现尤其是最终成果表现,除了在时间分配上应予以充分保证外,尚应注意以下几点。

1)绘制正式图前要有充分准备

绘制正式图前应完成全部的设计工作,并将各图形绘出正式底稿,包括所有注字、图标、图题以及人、车、树等衬景。在绘制正式图时不再改动,以保证将全部力量放在提高图纸的质量上。应避免在设计内容尚未完成时,即匆匆绘制正式图。那样看起来好像加快了进度,但在画正式图时对图纸错误的纠正与改动,将远比草图中的效率低,其结果会适得其反,既降低了速度,又影响了图纸的质量。

2)注意选择合适的表现方法

图纸的表现方法有很多,如铅笔线、墨线、颜色线、水墨或水彩渲染以及粉彩,等等(见图4-42和图4-43)。

选择哪种方法,应根据设计的内容及特点而定。比如绘制一幅高层住宅的透视图,则采用线条平涂颜色或采用粉彩比采用水彩渲染要合适。最初设计时,由于表现能力的制约,应采用一些相对比较基本的或简单的画法,如用铅笔或钢笔线条,平涂底色,然后将平面中的墙身、立面中的阴影部分及剖面中的剖切部分等局部加深即可。亦可对透视图单独用颜色表现。

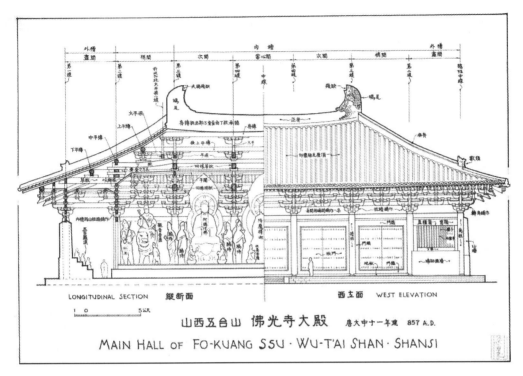

图 4-42　墨线示意图(梁思成绘)

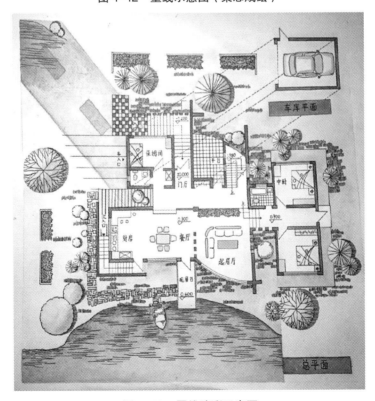

图 4-43　墨线淡彩示意图

3）注意图面构图

图面构图即排版，应以易于辨认和美观悦目为原则（见图4-44）。如在图纸中，平面主要入口一般都朝下，而不是按"上北下南"来决定。其他如注字、说明等的书写亦均应做到清楚整齐，使人容易看懂。图面构图还要讲求美观。影响图面美观的因素有很多，包括图面的疏密安排，图纸中各图形的位置均衡，图面主色调的选择，树木、人物、车辆、云彩、水面等衬景的配置，以及标题、注字的位置和大小等，这些都应在事前有整体的考虑，或做出小的试样，进行比较。在考虑以上诸点时，要特别注意图面效果的统一问题，因为这恰恰是初学者容易忽视的。如衬景画得过碎过多，或颜色缺少呼应，以及标题字体的形式、大小不当，等等，这些都是破坏图面统一的原因。

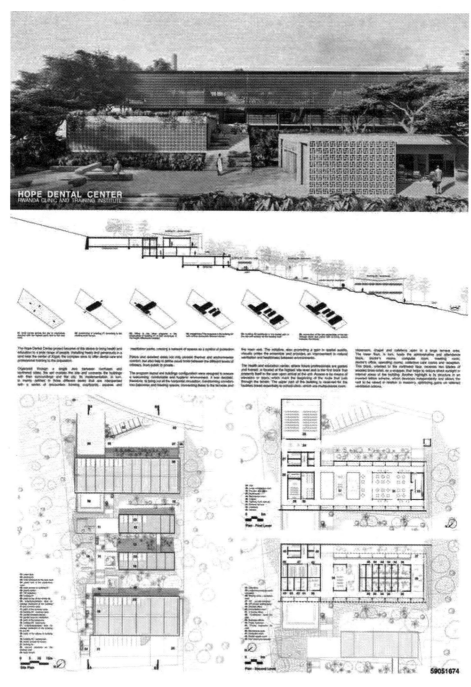

图4-44　建筑方案排版示意图

Jingguan Jianzhu Sheji

第五章
典型景观建筑设计

　　景观建筑在其位置、体量、功能和流线的复杂程度、造型的灵活度上有别于建筑学视角下的建筑,其常见类型如亭、廊与花架、园门、小型展览空间、茶室、露天剧场、公共卫生间、驿站等,在环境中主要起到如下作用:造景(即园林建筑本身就是被观赏的景观或景观的一部分);为游览者提供观景的视点和场所;提供简单的使用功能空间;作为主体建筑的必要补充或联系过渡等。基于对景观建筑的基本认识,对功能空间、形式美的原则等内容的基本了解和对设计流程的已有认知,本章针对典型的景观建筑设计做进一步的针对性解读。

5.1　亭

　　不论是古典园林或现代园林,亭都被广泛地运用。在居住、公园、商业,甚至工业等不同类型的空间中,均有各式各样的亭悠然伫立,它们为自然山川增色,为园林添彩,为局部空间环境增光(见图5-1)。

图 5-1　亭的案例实景图

5.1.1　亭的含义与功能

　　《园冶》中记载:"亭者,停也。所以停憩游行也。" 因此,亭有停止的意思,可满足游人休息、游览、观景、纳凉、避雨、极目眺望之需。它具有丰富变化的屋顶形象,轻巧、通透的周身,基座布置灵活,在环境中是点景和造景的重要手段。山巅水际、花间竹林若置一亭,往往平添无限诗意。

5.1.2　亭的设计要点

　　亭的造型多种多样,不论单体亭或是组合亭,其平面构图都很完整,屋顶形式也很丰富,从而构成绚丽多彩的体态。精美的装饰和细部处理,使亭的造型尽善尽美。亭的设计要考虑以下几方面的问题。

1. 亭的造型

亭的造型多种多样,但一般小而集中、独立而完整、轻巧活泼,其造型主要取决于其平面形状、平面组合及屋顶形式等。在设计时应突出特色,要因地制宜,并从经济和施工角度考虑其结构,结合民族地域的风俗、使用者的偏好及周围的环境来确定其形式、色彩等要素。

2. 亭的体量及比例

亭的体量大小自由度高,但应与周围环境相协调,要因地制宜,根据其空间环境关系、造景的需要、自身功能需求而定。如北京颐和园十七孔桥东端的廓如亭(见图 5-2),为八角重檐攒尖亭,面积约 130 m²,高约 20 m,与十七孔桥相协调。它不仅是颐和园众多亭子中最大的一座,也是我国现存亭建筑中最大的一座。它由内外 3 层 24 根圆柱和 16 根方柱支撑,亭体舒展稳重,气势雄浑,颇为壮观。而某度假庭院中的茅草亭(见图 5-3),面积仅约 4 m²,其体量小巧、造型精美,可供人们纳凉、休息、下棋等,并且点缀了整个庭院的环境氛围。

图 5-2　廓如亭实景图

图 5-3　茅草亭实景图

关于亭的比例,古典形式亭的亭顶、柱高、开间三者在比例上有密切联系。一般情况下,亭子屋顶高度是由屋顶构架中每一步的举高来确定的,每一座亭子的每一步举高不同,即使柱高等下部完全相同,屋顶高度也会发生变化。根据我国南北方气候等条件的不同,其举高也有差异,加上类型的不同以及环境因素的不同,对其比例影响较大。如南方亭屋顶高度大于亭身高度,而北方则反之。

另外,由于亭的平面形状的不同,开间与柱高之间有着不同的比例关系,如四角亭柱高:开间=0.8:1,六角亭柱高:开间=1.5:1,八角亭柱高:开间=1.6:1。除严格遵循中国古典建筑营造法式的特殊建筑外,其余"亭"类型建筑在满足具体的功能需求的基础上,其比例与尺度均可以以形式美的原则为设计思考标准,创造大众眼中的美。

3. 亭的细部装饰

亭在装饰上既可复杂也可简单,既可精雕细刻,也可不加任何装饰构成简洁质朴的亭。如:杜甫草堂的茅草亭,使人感到自然、纯朴;而北京颐和园的廓如亭,为显示皇家的富贵,进行了大量精致的细部装饰,使亭的形象更为精美(见图5-4)。装饰的符号或构件应与其所对应的文化、环境、材料、工艺等特质相符,以打造独特又不突兀的形象特征。

图5-4 廓如亭内部实景图

现代设计语境中的亭子已较少有专门的装饰化设计语言,其文化或其他特征多通过自身造型或与功能本身、材料本身直接相关的构件体现,而非刻意附加(见图5-5)。

图5-5 现代风格亭实景图

4. 亭的位置选择

亭的位置选择,一方面是为了观景,以便游人驻足休息,眺望景色。而眺望景色主要应满足观赏距离和观赏角度这两个方面的要求,同时,还要考虑到景物在阳面和阴面的不同光影效果。另一方面是为了点景,即点缀景色,创造各种各样不同的意境。在选定基址之后,根据亭所在地段的环境特点,进一步研究亭子本身的造型,使其与环境很好地结合起来,有的可以纵目远眺,有的幽僻清静。亭的位置选择较灵活,可山上建亭,可临水建亭,可平地建亭。

1)山地设亭

山地设亭,适于登高远望,眺览的范围大,方向多,视野开阔,并能突破山形的天际线,丰富山形轮廓,使得山更加富有生气,同时也为游人登山提供了休息和赏景的环境。因此,山地设亭应选凸出处,不致遮掩前景,又是引导游人的标志。我国著名的风景游览胜地,常在山上最佳的观景点设亭。如"大地之灯"(见图5-6),一圈白色薄膜将茶山顶部的树木"包裹"起来,白天阳光打在薄膜之上,整个装置如同田地顶端飘浮的一朵白云;夜晚亮起灯光,不同颜色缓缓变化,与村里星星点点的灯火遥相呼应,又像是为远方行人指明方向的地标塔。另外,山上建亭还能控制全园景区,丰富园林的空间构图。对不同高度的山,设亭的位置有所不同。

图5-6　"大地之灯"实景图

(1)小山设亭。小山高度一般在5~7 m,亭常建于山顶,以增加山顶的高度与体量,更能丰富山形轮廓,但一般不宜建在山形的几何中心线之顶,避免构图的呆板。如沧浪亭(见图5-7),位于辅以太湖石和黄石的土山山顶,丰富山形,增加小山攀爬趣味。

(2)中型山设亭。宜在山脊、山腰或山顶设亭,应有足够的体量,或成组设置,以取得与山形体量协调的效果。如竹园亭(见图5-8),借用竹子的生长习性和其生长过程中形成的空间形态,将其重新配置以形成新的空间。达到最佳效果需要一定的过渡时期和相对来说较长的时间,但这样的过程反而更能体现出这种可生长的设计策略的力量,同时增强了观赏者与周围的竹林和丘陵的互动感和意识感。

图 5-7　沧浪亭实景图

图 5-8　阳朔刘三姐园区竹园亭实景图

（3）大山设亭。一般在山腰台地或次要山脊设亭,亦可将亭设在山道坡旁,以显示局部山形地势之美,并有引导游人的作用。大山设亭要避免视线受树木的遮挡,同时还要考虑游人的行程,应有合理的休息距离。如位于格陵兰的观景亭(见图 5-9),位于 Sarfannguit 和 Nipisat 之间的线路上,成为 Sarfannguit 的地标、集会点和宣传基地,当地居民和游客可以在这里体验周边美丽的世界遗产。观景亭的设计不仅富有诗意和美感,还以象征性的手法传达了基地的自然和丰富历史,体现了格陵兰文化与众不同的精神感观。

2）临水建亭

在我国园林中,水是重要的构成要素,水面开阔、舒展、明朗、流动,有的幽深宁静。因此,园林中常结合水面设亭,如苏州沧浪亭的观鱼亭(见图 5-10)、广州兰圃的春光亭(见图 5-11)等。临水亭的造型宜低不宜高。其体量的大小要根据所临水面的大小而定。在小岛上、湖心台基上、岸边石矶上临水设亭,体型宜小。在桥上设亭,能够划分空间,增加水面空间层次,丰富湖岸景色,使水面景色锦上添花,又可保护桥体结构,还能起交通作用,但要注意与周围环境协调。

图 5-9 格陵兰观景亭实景图

图 5-10 观鱼亭实景图

图 5-11 春光亭实景图

　　现代主义手法中的与水有亲密关系的亭如哥本哈根的水中茶亭（见图 5-12），设计体现了城市空间中丰富的水资源形成的各种自然现象的美。水上空间随着水中倒影、不同运动和渐变光影而变幻，装置内外也随着周围环境不断变化。丙烯酸树脂构成了半透明的装置边界，直接呈现出水面的 360 度全景，成功地创造出可以欣赏水的闪光、波动和雾气现象以及美丽水景的空间。亭子与水的亲近关系还有很多——亭子在水面一端，浮于水上，甚至半沉入水中（见图 5-13），应综合场景希望表达的意境，考虑亭子本身与环境的关系，创造多样的设计可能性。

图 5-12　水中茶亭实景图

图 5-13　水与亭实景图

3) 平地建亭

平地建亭以休息、纳凉、游览为主,视点低,要避免平淡、闭塞,应尽量结合山石、树木、水池等,构成各具特色的景观效果。

平地建亭通常位于道路的交叉口、林荫之间、花木山石之中,形成不同空间气氛的环境。注意不要设在通车干道上,多设在路的一侧或路口。在主要景区的前方筑亭,还可作为一种标志。此外,园墙之中、廊间重点或尽端转角等处,也可用亭来点缀。如北京颐和园长廊每一节段设一亭(见图5-14),打破长廊的单调,成为游人逗留的重点。围墙之边设半亭,也可作为出入口的标志。除此之外,还可结合园林中的巨石、山泉、洞穴、丘壑、植物等各种特殊地形地貌设亭,可取得更为奇特的景观效果。如云亭(见图5-15)以曲线的造型围合场地中的几棵大树,结合座椅与灯光的设计,在社区中限定出休闲娱乐的活动空间。

图 5-14　颐和园长廊与亭实景图

图 5-15　云亭实景图

5.2　廊　与　花　架

　　一般有顶的过道称为廊,廊的应用较为广泛,是作为建筑物之间的联系而出现的。在中国古典建筑或园林设计中,通过廊、墙等把单体建筑物组织起来,形成空间层次上丰富多变的建筑群体。在景观环境中廊也是重要的景观要素和空间上功能划分与连接的常用构筑物。从中国古典园林的平面图可以看到:如果把整个园林当作一个"面",亭、榭、轩、馆等建筑物在园林中视作"点",廊则可视作"线",通过这个"线"的联络,把各分散的"点"联系成有机的整体,它们与山石、植物、水体相配合,在园林"面"的总体范围内形成了一个相对独立的"景区"。

　　花架则是以植物材料为顶的廊,利用藤本植物装饰美化建筑棚架的一种垂直绿化形式,它既具有廊的功能,又比廊更接近自然,融合于环境之中。其布局灵活多样,尽可能根据所配置植物的特点来构思花架。

　　廊与花架均是一种半封闭半开敞的建筑空间,既通透,又美观,同时增加园林风景深度,点缀风景。由于形式上的相似性,我们将廊与花架总称为廊架。

5.2.1　廊与花架的功能

1. 联系建筑和引导路线

　　廊架能够起到联系建筑和景点景区的作用。如廊可与亭、榭、舫、桥等连接,从而形成风雨无阻的游览路线,在游览途中可将园内景区空间组织在连续的时间顺序中,使景色更加富于变化,每走一步都会看到不同的景色,达到"步移景异"的效果。如沧浪亭中的连廊(见图5-16),蜿蜒曲折于水面一侧,实现游园的一步一景的观赏效果。

图5-16　沧浪亭中的连廊实景图

2. 划分空间和组织空间

廊架可把单一的庭院划分为两个或两个以上的空间,丰富园林空间的变化。同时廊架又可以组织空间,将几个小空间通过廊的围合,组织到一起,互相渗透。如红庄艺术里的连廊设计(见图5-17),在联系不同建筑物的同时,将中央庭院化整为零,增加庭院的空间层次,组织流线与空间。

图 5-17　红庄艺术里实景图

3. 组廊成景

廊架可以组成园林风景,供游人游览和观赏。因为廊架的外部装饰十分精致,色彩也很协调,并且廊可以组成完整的、独立的景观效果,它本身就是"风景",同时起到点缀风景的作用。如北京颐和园长廊(见图5-18),全长728 m,共273间,沿湖布置,蜿蜒曲折,是我国园林中最长的廊子。它将前山十几组景点联系起来,为我国古典式廊。

图 5-18　颐和园长廊实景图

5.2.2 廊与花架的形式

1. 从平面形式分

廊与花架的平面形式有很多,有直线形、曲线形、三边形、四边形、五边形、六边形、八边形、圆形、扇形以及它们的变形图案。一般来讲,直线形和曲线形占地面积和体量较大,适合于布置在较大的空间中,往往以统一形式的顶棚或植物为主体形成遮荫覆盖,供游人坐歇、观景。几何形体的廊或花架体量不宜过大,宜轻巧通透,施工方便,经济美观,占地面积也较小,能够灵活地布置。

2. 从结构形式分

1) 单柱式

单柱式又称单臂式,即在廊架的中央或其中一侧布置柱,在柱的周围或两柱间设置休息椅凳,供游人休息、聊天、赏景。形态上一般简约且有独特的造型,或运用形式美的法则创造出节奏与韵律美。此种形式常见于廊架覆盖面积相对较小的区域(见图5-19)。

图5-19 单柱式廊架实景图

2) 双柱式

双柱式也可称多柱式,即在廊架的两边或四周等结构合理位置用柱来支撑,并且布置休息椅凳,游人可在花架内漫步游览,也可坐在其间休息(见图5-20)。此类花架以植物为主,更接近自然,能够给游人增添一定的游览兴趣;此类廊有更优的结构,适用于长度更长、范围更广、功能更复杂的景观建筑。如希腊的四季酒店建筑外廊(见

图 5-21),整组设计,空间上作为建筑的延伸,被设计为户外酒廊,提升空间行为舒适度。

图 5-20 双柱式廊架实景图

图 5-21 希腊四季酒店廊架实景图

5.2.3　廊与花架的位置

1. 沿墙廊架

沿墙廊架又称单面廊架,即顺着墙壁来布置廊架,其一面为墙壁,一面用柱来支撑。其特点是占地少、省面积,此类型在中国古典园林中应用颇多(见图5-22)。现代设计手法中也有将墙的语言转化为顶棚(见图5-23),将廊架顶棚延伸落地,此廊架亦可看作建筑外廊的形式,为外部空间与建筑内部空间产生链接,创造"灰空间",丰富空间形态,为更多行为活动创造空间条件。此类廊架亦可根据功能需求设计廊的空间尺寸,如设计作为展览等活动空间,赋予其除通行外的更多功能属性。

图5-22　古典园林沿墙廊架实景图

图5-23　某商业体落地廊架实景图

2. 爬山廊架

爬山廊架即从山底顺着山往上布置廊架。爬山廊主要是供游人登山观景和联系山坡上下不同高程的建筑物之用,也可借以丰富山地建筑的空间构图。有的位于山之斜坡,有的依山势蜿蜒转折而上。如北京颐和园的爬山廊,山势坡度较大,游人在爬山的同时,还能游廊,仿佛游于画中。再如日本的艺术廊架(见图5-24),建筑师西泽立卫设计的廊架巧妙地沿着草木葱郁的陡峭山体布局。屋顶就像是一片灵活的墙一样界定出一个开放的空间,明亮而开放,自然触手可及。如同蘑菇般大小形状不一的精灵家具聚集在廊架之下,布置于场所的角落里、楼梯与石墙的缝隙中、廊架的柱子旁,实现设计的"自然生长"。

3. 水走廊架

水走廊架即顺着水边或在水中布置廊架,可供游人欣赏水景及联系水上建筑之用,形成以水景为主的空间。水走廊架有位于岸边和完全凌驾于水上两种形式。位于岸边的水走廊架,廊架基一般紧接水面,廊的平面也大体贴近岸边,尽量与水面接近。在水岸线曲折自然的情况下,廊大多沿着水边呈自由式格局,顺自然地势与环境融为一体。如苏州拙政园的波形廊(见图5-25),它联系了"别有洞天"入口与"倒影楼"和"卅六鸳鸯馆",呈L形布局。其造型高低曲折,有一种轻盈跳跃的动感。驾凌于水面之上的廊,以露出水面的石台或石墩为基,廊基一般宜低不宜高,廊的底面应尽可能贴近水面,使水经过廊下而互相贯通。人们漫步水走廊之上,宛若置身于水面上,既可以游廊,又可以欣赏水中美景,别有一番情趣。如日本某酒店中庭中的现代主义廊架的设计(见图5-26),漂浮于跌水之上,其水平方向平整延伸的姿态与水的流动跌落形成鲜明对比,提升空间张力。

图 5-24　日本艺术廊架实景图

图 5-25　拙政园中廊架实景图

图 5-26　日本某酒店中庭实景图

4. 其他廊架

在材料与技术日新月异的当下,廊架的形式并不局限于以上三种。如上海的苏州河畔的飞鸟廊架(见图5-27),通过金属材料的剪切与弯折,在平坦的场地中创造出非单柱双柱的结构连续、功能空间连续的廊架空间:露天的廊架,座椅休憩空间,有顶棚的休闲空间。

图 5-27　飞鸟廊架实景图

如图5-28和图5-29所示同样是无柱子类型廊架空间,将多彩纤维材料由建筑外墙拉伸至落地,将廊架这一景观建筑做临时性设计建造,以艺术装置的形式呈现,同时创造出满足多样功能可能性的空间。

图 5-28　米兰"无际"实景图 1

图 5-29　米兰"无际"实景图 2

5.2.4　廊与花架的设计要点

1. 廊架的尺度与空间

廊架的体量要与所在空间和观赏距离相适应。花架的开间与廊大体相同,但可比廊略大,开间一般为 3~4 m,高度一般为 2.6~3 m,进深通常采用 2~3 m 为宜。若宽度为 4 m 左右,则中间要设置隔墙或花格墙,隔墙要求半实半虚,上面可开设漏窗、门洞,使空间互相通透。另外,可在人流集散的出入口扩大空间,增加宽度,并设开阔广场与外界取得联系,以疏散人流,方便游人游览和行进。

2. 廊架的造型

廊架的造型可根据设计概念和具体功能需求发展设计,表现力强,除满足基础功能外,还能够成为环境中的突出景观构筑物。

花架常被植物覆盖,因此比较适合近观。除考虑结构稳定外,还要求造型美观,外部轮廓要富有表现力。在花架上设置花格、挂落装饰,也有助于植物的攀缘。

3. 廊架的出入口

廊架的出入口一般布置在廊的两端或中部某处,出入口是人流集散的主要地方,因此我们在设计时应将其平面或空间适当扩大,以尽快疏散人流,方便游人的游乐活动;在立面及空间处理上做重点装饰,强调虚实对比,以突出其美观效果。

4. 内部空间处理

廊架的内部空间设计是造型和景致处理的主要内容,因此要将内部空间处理得当。廊架是长形观景建筑物,一般为狭长空间,尤其是直廊或直架,空间显得单调,所以把廊设计成多折的曲廊,可使内部空间产生层次变化;当为直廊时,为了避免空间的单调无趣,可在连续空间中变化空间高度、平面宽度等维度,结合实际功能丰富空间感受;在廊架内适当位置做横向隔断,在隔断上设置花格、门洞、漏窗等,可使廊内空间增加层次感、深远感。因此,廊架要有良好的对景道路,要曲折迂回,从而有扩大空间的感觉。将廊内地面高度升高,可设置台阶,来丰富廊内空间变化。如南京九间廊桥(见图 5-30),将横跨水体的桥与廊相结合,在廊下设置品茗、交谈、观景等除交通以外的功能,同时通过高度的变化,应用台阶与坡道,为不同功能做出空间限定。

图 5-30 南京九间廊桥内部实景图

5. 立面造型

廊架在立面上突出表现了虚实的对比变化,从总体上说是以虚为主,这主要是功能上的要求,作为休憩赏景建筑,需要开阔的视野。廊架又是景色的一部分,需要与自然空间互相融合,融于自然环境,或与环境形成某种对比的关系。在细部处理上,也常用虚实对比的手法,如漏窗、博古架、栏杆、挂落等多为空心构件,似隔非隔,隔而不挡,以丰富整体立面形象。

另外，为改变廊架的单调感觉，常与亭、榭、舫、桥等建筑相组合，从而丰富其立面造型。在设计时要注意建筑组合的完整性与主要观赏面的透视景观效果。

南京九间廊桥（见图5-31和图5-32）在立面造型设计中借用中式传统建筑屋顶形态，以现代手法对其进行多次弯折，长度方向上突破传统比例关系将其拉长，结合廊桥曲线跨越河面；入口部分以房屋建筑的形象强调廊桥内部的私密性，呼应廊桥中的多样功能空间。

图5-31　南京九间廊桥实景图1

图5-32　南京九间廊桥实景图2

6. 装饰

廊架的装饰应与其功能、结构密切结合。檐下的挂落，在古典园林中多采用木制，雕刻精美；而在现代园林中则多简洁坚固，在休息椅凳下常设置花格（又称坐凳楣子），与上面的花格相呼应，构成框景。另外，在廊架的内部梁上、顶上可绘制苏式彩画(见图5-33),从而丰富游廊内容。在色彩上,由于历史传统,南方与北方大不相同。南方与建筑配合,以灰蓝色、深褐色等素雅的色彩为主;而北方以红色、绿色、黄色等艳丽的色彩为主,以显示富丽堂皇。在现代园林中,较多采用水泥材料,色彩以浅色为主,以取得明快的效果。现代的设计材料与语言经过与整体相同的概念设计发展后同样可用作装饰符号。

图5-33　长廊装饰彩绘实景图

5.2.5　廊与花架的制作材料

廊架的制作材料是多种多样的,不同的设计建造材料可以突出多样的作品特征。

1. 竹木廊架

竹木廊架制作简便、经济,富有质感,肌理也很自然(见图5-34和图5-35)。竹子轻巧美观,刮风下雨时不容易磨损植物,但易腐烂、倒塌,使用时间不长久;木廊架南北方均适宜,加工方便,造型轻巧,但不如竹子结实,人为地靠或摇都很容易使之倒塌,下雨时下部易腐烂,使用寿命短。

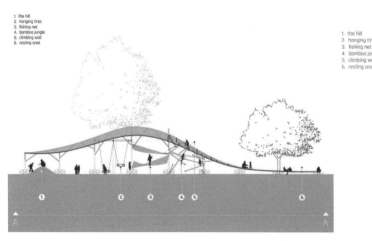

图5-34　竹木廊架空间示意图

图 5-35   竹木廊架实景图

2. 砖石廊架

廊架的柱以砖块、石板、块石等砌成虚实对比的样式,廊架纵横梁可用混凝土斩假石或条石制成,朴实浑厚,别具一格。砖石加工方便,有天然的感觉。可将下面的支柱用砖空砌或用砖砌水泥做水磨石或水刷石面层,上面用木梁或钢筋过梁架设。但由于砖石的材料性能及施工难度限制,一般砖石廊架的跨度和整体空间尺度相对较小(见图 5-36)。

图 5-36　砖石廊架实景图

3. 钢筋混凝土廊架

无论在南方或是北方,此材料都广泛运用。其造价低,制作方便,坚固耐用。可全部用钢筋混凝土塑造,也可以现浇或预制,如前文所述单柱式廊架(见图 5-19)。

4. 金属廊架

金属材质的应用在现代设计语言中极为广泛。利用圆钢、扁钢等金属,可任意弯曲,易于加工;或者将废物进行利用,既经济又美观,如前文中的飞鸟廊架(见图 5-27)。

5.3　园　门

园门是一个新天地的入口,是空间转换的过渡地带,是联系空间内外的枢纽,是内部景观和空间序列的起始,能够在一定程度上反映出内部景观或主题特色。

5.3.1　园林大门的功能

1. 集散交通

园林大门起到组织人流和引导路线的作用。尤其是在节假日集会或园内大型活动期间,园林大门的集散、交通及安全等作用显得尤为重要。

2. 门卫管理

园林大门具有一般门卫的功能，如出入登记、更换车牌、站岗、禁止小商贩进入等；具有售票和检票的功能，同时可以为游客提供一定的服务，如小件寄存等。

3. 组织大门空间景观

园门空间是由喧闹的城市到幽静的园林的一个过渡空间，因此它起着引导、预示、对比的作用；同时也是游人游览观赏内部空间的开始，是游览路线的起点。如山西晋祠博物馆的屋宇式大门（见图5-37），宏伟壮观，与内部古典建筑相协调。内部为规则式布局，晋祠大门处于中轴线上的起点，与游览的第二个景点——水镜台形成对景（见图5-38）。

图 5-37　晋祠入口大门实景图

图 5-38　晋祠入口轴线示意图

4. 点缀园景，美化街景

园门具有装饰门面、点景题名、美化街景的作用，也是游人游赏园区的第一个景物，给游人留下第一个标志性的印象，能体现园林的规模、性质与风格。此外，园门作为空间陪衬来增加景深的变化，扩大空间，产生小中见大、引人入胜的效果。

5.3.2　园门的组成

根据园区的性质、规模、活动内容及功能的不同，其大门的设施也有所不同。一般大、中型园区的大门设备较齐全（见图5-39），大致可由六部分组成：出入口售票室和检票室、门卫管理室、园林出入口内外集散广场及游人等候空间、车辆停放处、小型服务设施。

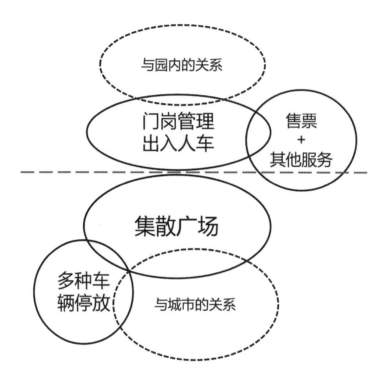

图5-39　园门功能组成关系示意图

车辆停放处一般宜独立设置，不应与园林出入口广场混在一起，以免影响交通安全。车流及人流要分开，避免人流穿越，可在大门外另设停车场。车辆停放处要根据车辆停放的数量、类型来进行设计，另外还要考虑到方便游人和安全等因素，经济、合理地安排出入车流及通道。车辆停放处的设置有两种方式：一是停车场与园林大门广场合为一体，特点是方便存取，路线短捷，但有碍大门空间的美观，有时造成人流、车流互相干扰；二是停车场单独设置，一般设在大门广场之外，特点是不影响大门的景观，人流干扰小，便于管理，但离大门较远，存取不便。小型服务设施包括小卖部、童车和老人车出租处、宣传牌、广告牌、留言牌、游览指导牌等。

简易的园门只有出入口通道和柱墩，无其他服务类型功能，做普通出入口使用。

5.3.3　园林大门的设计要点

大门是公园或园林景观区的序言，除了要求管理方便、入园合乎顺序外，还应形象明确、特点突出、易于寻找，所以园门的设计应从功能需要出发，创造出反映使用特点的形象。

1. 位置选择

1）应考虑园区的总体规划布局

园门位置的选择是整个园区规划设计中的一项重要工作，要考虑全园的总体规划，按各分区的布局、游览路线及景点的要求来确定其位置。这将影响到园区内部的规划结构、分区和各种活动设施的布置，同时园门位置与游人对园内某些景物的兴趣和园区管理等都有着密切的关系。如山西晋祠博物馆的大门，原名为"景清门"，设在博物馆的东南面，后为与内部景点取得一致而改在东面处于中轴线的端点，与整个园林的规划布局相协调（见图5-40）。

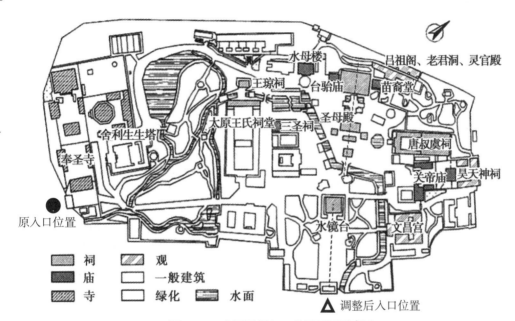

图5-40 山西晋祠入口位置平面示意图

2）应考虑城市的规划

要根据城市的规划要求，与城市道路取得良好的关系，交通要方便。应充分考虑人流的集散，游人是否能够方便地进入园区。尤其是主要大门，应处在或靠近城市主次要干道，并要有多条公共汽车路线与站点。

3）应考虑周围环境情况

为了提高园区的使用效率，应考虑方便周围的居民进出。现在人们喜欢晨练、夜跑等，不同时间段不同人群有多样的活动形式，因此园林的主次要大门要可以提供多方向的便利。另外，还要考虑到对附近的学校、机关、团体以及街道等的影响。

4）应考虑物资的运输

园林中不免要进货和排出废物，因此要考虑到方便货物的运输，一般适合于从次要大门进出。

另外，当地的自然条件、文化背景等诸多因素也影响着园林大门的选址。

2. 规划手法

园门建筑设计应特征明显，反映园林的性质、风格、时代及民俗特征，以起标志性的作用。园门因园区性质、类别不同，其性格及设计手法也不同。纪念性园林大门一般采用对称的构图手法，具有庄严肃穆的性格，如广州起义烈士陵园、南京中山陵（见图5-41）等；游览性园林大门多采用自然式手法，以求达到轻巧活泼的艺术效果，如扬州瘦西湖（见图5-42）、南宁人民公园等；专题性（主题性）公园、乐园大门则需以寓意或写实的手法，突出本园林的个性和特色，使之简洁明快、形象新颖（见图5-43）。

图 5-41　中山陵中轴线空间示意图

图 5-42　瘦西湖景区大门实景图

图 5-43　主题公园大门实景图

园林大门一般有开敞式和封闭式两种。开敞式大门使游人进入大门就产生一览无余的感觉,因此适合于大型园林;对于中小型园林,最好采用封闭式大门,可在迂回曲折中达到小中见大的效果,延长游览路线,此类型在中国古典园林中屡见不鲜。在设计园林大门时可根据园林的规模、性质、位置及周围环境等来决定采用的规划形式。

3. 大门的设计

1)园门的类型

园门根据使用功能可分为三类:

(1)主要大门。主要大门一般只有一个,要求设备齐全,能够联系城市主要交通路线,并且成为园林或乐园主要游览路线的起点。主要大门是游人集散地带,也是给游人第一个标志性印象的景点建筑。其位置的选择主要取决于园林与城市规划的关系,应朝向市内主要广场或干道,选择在人流量最大的地方,地位明显,给人一种开朗华丽的感受。为了更好地发挥出入口的功能,可配合集散广场、围墙、售票室、检票室、小卖部、儿童车和老人车出租间、存车处、停车场等;在入口处设置装饰性的花坛、花钵、水池、喷泉、雕塑,以及宣传广告、导游图等,达到引人入胜的效果。因此,入口建筑不在于高大,而在于精巧、富有特色,同时还能美化装饰城市面貌(见图5-44)。

图5-44 主题公园主要大门实景图

(2)次要大门。次要大门可有一个至多个,为方便附近居民,可设在园内有大量人流集散的设施附近,其设施规模、内容等次于主要大门,但也具有部分服务功能。如图5-45所示的某主题公园的次入口,规模较小,服务设施相对完备。

图 5-45　主题公园次入口大门实景图

　　(3)专用大门。专用大门主要为园务管理、运输和工作人员的方便而设,不对外开放,一般设在比较僻静处。如园区面积较大且工作人员进出事务较多,会将专用大门设计得相对较大,同时配以简单的门卫等功能房间,以满足使用需求(见图 5-46);如园区面积较小且员工进出事务较少,往往会在规模、形象等方面更加弱化专用大门(见图 5-47)。

图 5-46　公园专用大门实景图 1

图 5-47　公园专用大门实景图 2

2）园门出入口的设计

出入口有大、小之分，根据其功能需要来确定出入口的尺寸。公园小出入口主要供平时游人出入用，一般供 1~3 股人流通行；有时也供自行车、摩托车、小推车出入。单股人流宽度 600~900 mm；双股人流宽度 1200~1500 mm；三股人流宽度 1800~2000 mm；自行车、摩托车、小推车宽度 1200 mm 左右。

大出入口，除供大量游人出入外，有时还要供车辆进出，应以车辆所需宽度为主要依据来确定尺寸。一般要能够出入两股车流，需 5~7 m。

3）门扇

门扇是大门的围护构件，又是艺术装饰的细部，对大门形象起着一定的作用。门扇的花格、图案的纹样形式，应与大门形象协调统一、互相呼应，并结合公园性质考虑。门扇高度一般不低于 2 m。从防卫功能上，以竖向条纹为宜，且条纹间距不大于 14 cm。门扇的构造与形式因其所采用材料不同而各有区别。目前常见的门扇以金属材料为多，如金属栅栏门扇、金属花格门扇、钢板门扇、铁丝网门扇、合金伸缩门等。

随着现代化的发展，大门门扇开启的形式越来越多，常见的有平开门、折叠门、推拉门、伸缩门等，应根据实际需要确定其开启方式。

平开门构造简单，开启方便，但开启时占用空间较大，所以门扇尺寸不宜过大，一般宽度为 2~3 m，门洞宽度以 4~6 m 为宜。

折叠门门扇分成几折，开启时折叠起来，占地较少，方便警卫人员操作。

推拉门门扇藏在墙的后面，墙后便于安装电动装置，门扇可以做得较宽，但需要大门一侧有一段长度大于门宽的围墙或其他遮挡形式，使门扇可推入墙后。

伸缩门由合金材料制成，电动管理，占用空间小，开启方便。

4. 园门空间的设计

园门空间一般由出入口及内外广场组成，起集散、缓冲等作用，是游人休息、停留的空间，因此要具有一定空间美的效果。一般可采用扩大空间的办法形成各种形状的出入口广场、庭院等；或封闭或开敞的空间形式，可利用墙面的围合、树木种植、地形地貌的变化、建筑标志及建筑小品等形成具有美感的空间效果。根据园区规划的意图、性质、规模等，将大门空间组合成与园区形式相适宜的一组空间序列，常以不同大小空间的对比、开合、曲折变化、方向的转折、明暗的交替等，相互衬托与对比，将入口空间层层展开，成为园区空间的序曲，更好地衬托出园区主体空间的艺术效果，给人以深刻的印象（见图5-48）。

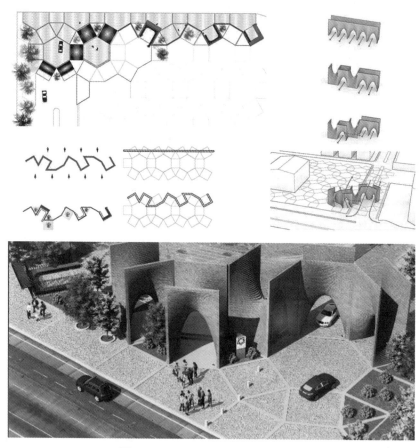

图5-48　公园入口大门方案示意图

园门入口空间要为游人提供一定的导向性。园区游览需按一定的路线进行，才能充分表现出景物效果，要使游人按设计意图进行游览。空间的引导方向与景区的布局及景物的设置密切相关，才能吸引游人步入景区，一般可在空间形状、道路布局及景物设置上加强导向性。园区入口空间应有与其主题相呼应的特色，体现出一定的园林景观效果，并恰当地表现出园林主题与特性。常用花坛、喷泉、水池、山石、树木、雕塑、亭、廊、花架及装饰小品等，来加强入口空间的导向作用，注意要因地制宜。

5. 园门立面设计

1）柱墩式

柱墩由古代石阙演化而来，现代公园大门仍广泛运用。一般做对称布置，设2~4个柱墩，分大小出入口，在柱墩外缘连接售票室或围墙；也有多个柱墩在入口矗立，形成良好的入口形象与城市临街面（见图5-49）。柱墩式大门主要由独立柱和铁门组成，上方无横向构件。柱有方有圆，有大有小，有简有繁，甚至可做适当造型。如深圳宝安灵芝公园门柱（见图5-50），做成蘑菇形以反映公园名称。若柱墩体量较大，可利用柱体内部空间做门卫或检票用。

图 5-49　龙湖公园入口大门方案实景图

图 5-50　灵芝公园大门实景图

　　柱墩式大门多为对称构图,双柱或四柱并列,单纯大方,开放性好,能最大限度地满足交通运输的需要,且造价较低。园林的次要大门和一些现代园林正门,都常用柱墩式大门。

　　2)阙式

　　阙式园门一般在阙门两侧连以园墙,门座中间设铁栏门,如广州起义烈士陵园大门(见图5-51)。园门阙为墩状,坚固、浑厚、庄严、肃穆,墩顶可加以民族传统建筑造型,特色更加鲜明,阙座间没有水平结构构件,因而门宽度不受限制,开放性好,入门对景完整的视觉形象不受遮挡。

图 5-51　广州起义烈士陵园大门实景图

3) 牌坊式

牌坊式园门是我国传统大门中最具特色的大门形式，多属单列柱结构，规模较大的牌坊采用双列柱结构。在牌坊的两根冲天柱上加横梁或额枋，在横梁上做斗拱屋檐、起楼即成牌楼。牌坊门有一、三、五间之分，三间最为常见。

牌坊、牌楼作为空间的序幕表征，广泛运用于宗教性建筑、纪念性建筑等。过去在祠堂、官署、里坊前也将牌坊设为第一道门，既是空间的分隔，也是区别尊卑等级的标志。牌楼、牌坊造型疏朗轻巧、秀丽华美，是我国人民喜闻乐见的传统建筑形式。如山西晋祠博物馆内的对越坊、北京颐和园的云辉玉宇牌楼（见图 5-52）、安阳殷墟博物馆入口大门（见图 5-53）。

图 5-52　北京颐和园的云辉玉宇牌楼实景图

图 5-53 安阳殷墟博物馆大门实景图

4)屋宇式

屋宇式园门是我国传统大门建筑形式之一,它本身是一座漂亮的屋宇。其建筑样式、风格反映公园及当地的建筑特色,是传统园林大门喜用的形式。如上海大观园的屋宇式大门和济南的趵突泉公园大门(见图 5-54)。

图 5-54 济南趵突泉大门实景图

5)门楼式

一般两层屋宇式大门为门楼式大门。门楼式大门应用于规模较大的传统园林,如北京颐和园北宫门和济南大明湖公园大门(见图 5-55),规则严谨,富丽堂皇。

图5-55　济南大明湖公园大门实景图

6）门廊式

门廊式大门由屋宇门演变而来,为了与公园大门开阔的面宽相协调,大门建筑形成廊式建筑,即由柱墩式在长轴方向上加盖顶而成,横向伸展如廊,建筑的整体性得到加强。一般屋顶多为平顶、拱顶、折板式及传统坡面式。门廊式大门造型活泼、轻巧,可用对称或不对称构图,如太原市儿童公园门廊式大门。

7）墙门式

墙门式门是我国住宅、园林中常用的门之一,常在院落隔墙上开小门,灵活、简洁。在高墙上开门洞,再安上两扇屏门,显得素雅、宁静。园林与住宅之间或园中各庭院大多是在墙面上开设门洞。门洞形式多样别致,常见的有圆形、瓶形、多边形、植物叶和花卉图案的简化形式,其中以圆形为最多,称月洞门。墙门式门既是园林入口建筑,又附属于园墙,具有双重功能。一般小型出入口多用此种形式。

8）其他形式大门

现代公园类大门,由于新材料、新技术、新观念的出现,在造型、空间和体量等方面都得到了更大、更自由的拓展。如在广州举办的第四届园林博览会及昆明世博园大门,造型都比较新颖,具有现代感。有些园林置几磐巨石、搭几架竹木、植一片绿墙,也俨然园门,清新自然,质朴亲切,如广州珠江公园南门用巨石做门墩。有些园林结合其功能建造标志性的大门,如深圳野生动物园用两个相对的长颈鹿塑造大门形象。另外,还有许多类型的大门,可用各种高低的墙体、柱墩、花盆、亭、花格、几何体及其组合体等。如深圳市人民公园通过拱形空间营造入口空间,巧妙设置电梯解决公园与城市道路的高差,结合屋顶绿化丰富空间形态(见图5-56)。

图5-56　深圳市人民公园入口大门实景图

5.4 茶 室

5.4.1 茶室概述

茶文化与茶艺,是我国独有的特色,集中体现在南方,尤以江浙粤地区最具代表性。平日闲暇人们通常会坐在一个能遮阳挡雨的"茶馆"中,品茶交谈,那份闲情的确是一种享受。因而,茶室是风景园林中不可缺少的服务性建筑。

不同地域、不同时代的游人对于风景园林环境中的商业建筑需求有所不同,有人好茶,也有游客好点心、快餐、纪念品等。在时代发展中,茶室、小卖铺逐渐发展为一种综合式的小型商业服务建筑类型,由经营者捕捉人群需求,提供对应的服务内容。

5.4.2 茶室设计要点

茶室的设计必须从满足游人的使用需求出发,以赏景、休息、经营为主,并且结合环境优劣势进行综合考虑。

1. 位置选择

人们常说,"水""茶""景"三者结合为天下之绝,犹如中国传统文化中诗、书、画的统一。品茶需要有诗意的环境,中国园林素有"立体诗画"之称,所构筑营造的"诗山画水",正是品茶者所要寻觅的氛围。中国的诸多茶室设在园林风景区,且处于观景点上。游人到杭州西湖孤山西泠印社游赏,拾级而上,登四照阁,选一临窗座位,泡一杯龙井,凭窗眺望,湖中景物历历在目。龙井为圆形泉池,清冽甘美的泉水从山岩间涓涓流出,汇集于井中,"名泉""名茶""西湖美景"可谓天下一绝。因此,原龙井寺改建为龙井茶室,是国内外游客休息、品茗的好场所。

造园家们着力于把自然山水当作情感的载体,寄情山水。品茶和品园的共同点,就在于都非常注重情景交融,这正是中国传统美学思想中光彩照人之处。因而茶室应结合园林规模与总体布局,设在环境优美、有景可赏、富有特色的地方;要求交通方便,游人易于到达,便于物品的运输;设在游人活动较集中的景区或景点附近,安静休息区或园路一侧,游人需就座边休息、边饮茶、边聊天、边赏景的地方。大型园林可分区设置,并使茶室地坪高出路面标高,便于游人远眺,产生安静、整齐的感受。建筑外观轮廓和装饰要美观,能够作为一个景点,供游人欣赏。

风景园林茶室基址设置很重要。布置在山地上,为游人品茶过程创造出瞻高望远的效果。如安吉观景平台茶室(见图5-57),因地制宜地在浙江安吉的茶田中打造了一个茶室和两个竹亭,既具有围合向心的凝聚力,又和谐地融入当地环境中。这个项目落址于由万亩茶田构成的乡野景观之中,凉亭的顶棚如一片片叶片般舒展,轻盈地落于田间。"一片叶子富了一方百姓",承载着人们对这片土地深厚的情感寄托。

图 5-57　安吉观景平台茶室实景图

　　布置在水体上或水岸边,产生宽阔舒展、恬静、幽深的效果;布置在平地上,使游人产生坦荡通畅的感受。为使游人享受休闲的乐趣,尽情地品茶,应保证茶室内外空间的清洁卫生,要有合理的排污设施、方便的排污路线等。这样既能保证卫生,又不影响茶室建筑的景观。如扬州竹西佳境小型商业建筑(见图 5-58),茶舍位于公园东湖的湖心岛北坡,临水而建,环境氛围开阔而静谧。茶舍以一个单独的"房舍"为原型重构,重新思考了建筑中人与自然的关系,营造了独特的空间氛围。

图 5-58　扬州竹西佳境实景图

　　基于以上选址原则,当此类小型商业建筑体量小、功能更单一化时,其选址的灵活性也更强。如捷克的茶楼亭(见图5-59),其功能空间单一,3 m×3 m的平面空间,独自伫立在宽阔山林和澄清水色之中,以纯朴的姿态融入大自然之中;当夜幕降临之时,在屋内放置一盏露营灯,被点亮的茶室犹如树下的灯笼,在湖畔映照出寂静而优美的景色。

图5-59　茶楼亭实景图

2. 室内外空间结合与调整利用

　　室内外空间相互结合利用,对茶室(小型商业建筑)来说非常重要。园区因季节的变化,有淡旺季之分,利用室外空间来调节更适合园林的特点。冬季气候寒冷,为游览淡季,游人可在室内饮茶及驻足休息;夏季天气炎热,游人较多,可在室内或室外品茶,结合当地风景特色,既可休息,又能观赏园林风景。在室外空间设计中,要尽可能利用花架、亭、廊等建筑设置茶室从而丰富茶室造型。如上海植物园利用游廊设置茶室,既遮阳又避雨,还可休闲、聊天、饮茶,给游人带来无穷的乐趣。室外简易茶室可利用大片空地搭遮荫篷形成茶室空间,或布置在高大乔木下供游人就座休息、饮茶。如四川乐山风景区就是利用遮荫篷来设置室外茶室,杭州太子湾公园茶室利用塑木亭廊,广州雕塑公园设计成多种形式的帆布亭。鹤山市古劳水乡三姓堂村的围墩茶寮(见图5-60),地处岭南,气候湿热,除基本的服务空间外,遮阳与通风是主要的地域性需求。建筑设计中模糊室内外空间的界限,打造全开敞模式,满足商业建筑易到达、多展示面的要求,营造自由流动的空间特性。

图 5-60　鹤山围墩茶寮实景图

3. 建筑造型的处理

茶室的建筑风格、体量大小,要与整个园林环境及当地的风格相协调。美观而不落俗套,体量不宜过大,易于赏景,又自成一景。

园林茶室不仅需要满足使用功能要求,而且造型要优美。应因地制宜,利用不同的地形地貌来设置,可设置在山上、平地上、水边等,使之各具特色,创造出不同特点的景观。香港大帽山郊野公园,利用山林设置茶室,游人在高山云彩的自然环境中驻足品茶,真正地享受和体验到大自然的美感;杭州龙井因当地所产龙井名茶而设茶室。可结合水榭、舫、沿水亭等水上建筑来设茶室。如广州白云山凌香饮冰室结合水榭建成,使园林茶室在景观上室内外互相渗透,互为景观。亦如捷克的茶楼亭(见图 5-59),融入传统茶室元素和"和敬清寂"的茶道精神,造型轻巧镂空的结构借鉴了亚洲传统的室内设计理念,以当代的表现手法对亚洲传统建筑进行重新诠释。低矮入口象征躏口,引人入胜的水色风光便映入眼帘。茶屋约 9 m²、高 4 m,可容纳 6 人,以当地的云杉木梁为基础,辅以云杉木地板和侧边的桦木胶合板墙及悬于上空的白色织布。轻柔的白织布远看如薄纱屋顶,搭配木质的结构,展现出舒适的茶道氛围。空间中只放置一张矮长桌,访客可绕桌体验传统茶道,也可仅为休息而安静沉思,体现极简风格与侘寂美学。

4. 茶室的基本组成

茶室一般由营业部分与辅助部分两部分组成。

1)营业部分

营业部分主要包括门厅、营业厅。门厅:作为室内外空间的过渡,缓冲人流,在北方园林中还起防寒作用。营业厅:宜布置在风景优美的一面,有景可赏。室内外营业应相结合,形成露天茶室更为理想。

一般营业部分是建筑的主要立面,要求交通方便,游人易于到达;要面朝有景可赏的方向,可与室外空间相连接。营业厅的面积应根据日游人量来确定,一般来说,面积以每座 1 m² 来设置。桌椅布置方式要合理,尤其是客人进出和服务人员送水、送物的通道,应尽可能避免和减少交叉的干扰。

2）辅助部分

辅助部分主要包括备茶加工间、小卖铺、洗涤间、烧水间、储藏室、办公管理室、厕所、杂务院等，可根据园林的规模、茶室的大小、周围的环境等来确定其组成部分。无论冷、热饮，都需有简单的备制过程，备茶室还应有出售供应柜台。辅助部分要求隐蔽，又要有单独的供应道路来运输货物。综合来说，茶室功能与流线关系基本一致（见图5-61），各项目需求各有不同。

当然小型或临时性茶室可将功能房间设计为无墙体的功能区，也会产生不同的设计效果。

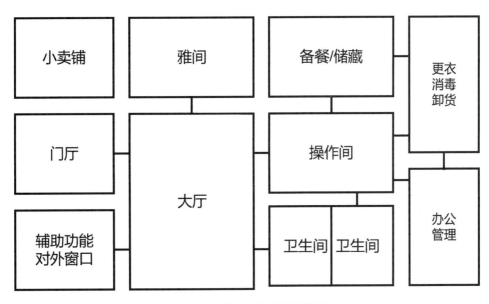

图5-61 茶室功能流线示意图

5.5 厕 所

5.5.1 园林厕所概述

厕所是风景园林环境中必不可少的服务性设施之一。近年来，随着生活水平的提高、知识的增进，人们对园林景观的要求越来越高，因此设计者对景观的维护也很重视。园林厕所不论其规模大小、造型如何，均会影响园林景观效果。一般来说，厕所不做特殊风景建筑类型处理，但是应与整个园林或风景区的外观特征相统一，易于辨认。

5.5.2 园林厕所功能

游人进入园林中一般有较长的游览时间，其基础的生理需求应得到满足：如厕，盥洗，婴幼儿便溺处理等。园

林入口、主要景区出入口、面积范围较大或人员密度较大的区域,需设置公共卫生间,便于游人开展各种各样的游憩性活动时无盥洗负担,又能保证园内的清洁卫生,甚至还可以减少疾病的传染,从而保持园林优美的环境。因此,我们对园林厕所的建设应加以重视,以满足广大游人的需要。

5.5.3 园林厕所类型

园林厕所依其设置性质可分为附属式、独立式、移动式,其中附属式为主,独立式为辅,移动式为补充。

1. 附属式厕所

附属式厕所指附属于其他建筑物,供公共使用的厕所。其特点是管理与维护均较方便,适合在不太拥挤的区域设置。此类型厕所一般与主体建筑一同设计考虑,不做单独设计。

2. 独立式厕所

独立式厕所指在园林中单独设置,与其他设施不相连接的厕所。其特点是可避免与其他设施的主要活动产生相互干扰,适合于大多数的风景园林环境(见图5-62)。

图5-62 宜宾安石卷厕实景图

3. 移动式厕所

移动式厕所指临时性设置的厕所,包括流动厕所。移动式厕所可以解决临时性活动所带来的需求,适合于在地质土壤不良的河川、沙滩的附近或临时性人流大的场所设置。此类卫生间一般为成品,无须建筑专业设计施工,风景园林及园林专业多实践于现场定位与周边环境的打造,水电专业负责其基础功能的正常运行。

5.5.4 园林厕所设计要点

厕所在园区的总体布局中,首先应布置在园林的主次要出入口附近(人流量大),并且平均分布于全园各区,彼此间距在 200～500 m（服务半径一般不超过 500 m）。具体位置一般在游客服务中心，或风景区大门口附近，或活动较集中的场所，如停车场、各展示场所等。

选址上应避免设在主要风景线上或轴线上、对景处等位置，要避免过于突出，离主要游览路线要有一定距离，最好设在主要建筑和景点的下风方向，并设置路标，以小路连接。可巧借周围的自然景物，如石、树木、花草、竹林或攀缘植物，以掩蔽和遮挡；或根据设计意图处理建筑与环境的关系。如深圳市的无界公厕（见图 5-63），建筑师将这一设施消隐在树林掩映的绿化中。厕所采用无性别隔间，形成了一种无边界的、与自然交融的流动型平面布局。设计最大化人流到达的可能性，采取类街心公园的景观设计，成为人们更乐意走的穿行捷径，场地内还设置了相应的休憩座椅，供人们休息或等候。设计在立面上采用 8K 镜面不锈钢材质，其外观随着光线的更替、四时的变化呈现出不同景象。建筑与周边的景物交织在一起，既和谐地共存着，又似消隐于树林掩映中。当人们步入其中，其身影亦成了建筑立面的一部分，促成了一个有生命的建筑形态，建筑在这一瞬间成为一个简洁且有力的艺术装置（见图 5-64）。

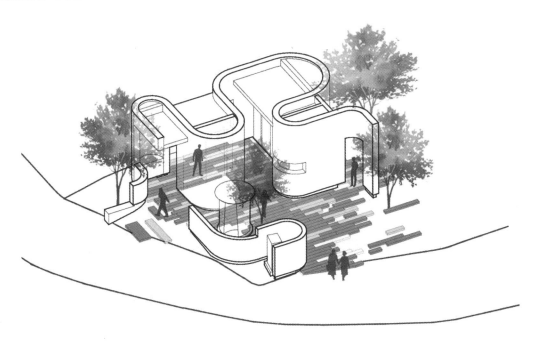

图 5-63 深圳无界公共厕所示意图

图 5-64 深圳无界公共厕所实景图

正如上文提及的深圳的无界公厕设计中对环境关系的考虑,景园中的厕所设计应考虑建筑与环境的关系,如与周围的环境相融合,既"藏"又"露",既不妨碍风景,又易于寻觅,易于游人发现。在外观处理上,既不能过分讲究,又不能过分简陋,使之处于风景环境之中,而又置于景物之外;既使游人视线停留,引人入胜,又不破坏景观,惹人讨厌。如波兰某公厕设计(见图 5-65 和图 5-66),公厕紧邻道路,对面是大面积水景,建筑设计中既要确保建筑的隐私,又希望对如此优质的水体景观资源加以利用。设计师将建筑临路一侧做到几乎完全封闭,以环境绿植做隐蔽,建筑开高窗,以潜望镜的形式将外面的景色引入建筑中。

图 5-65　波兰某公厕效果图

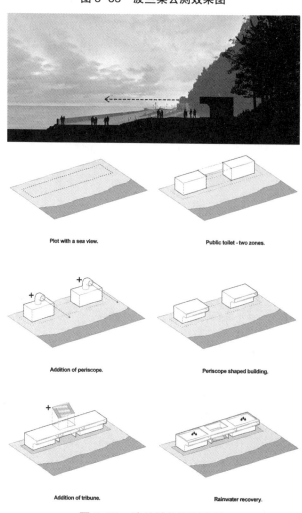

图 5-66　波兰某公厕示意图

园厕色彩应尽量符合该风景区的特色,切勿造成突兀、不协调的感受,运用色彩时还应考虑到材料未来的保养与维护;或结合自身体量及在公园中的空间关系,适当突出建筑主体,营造景观建筑的小趣味。如日本代代木八幡公厕(见图 5-67),这间由伊东丰雄建筑设计事务所设计的公厕模拟了在附近森林中生长出来的蘑菇。它们坐落在通往神社的台阶下方,与背景处的森林环境建立了一种和谐的观感。项目中包含了 3 间独立的厕所,交通空间位于中央,便于人们从多方进入。连通的路径能够创造良好的视觉连接,有助于保障使用者的安全,避免犯罪行为的发生。圆形瓷砖贴面带来多彩的渐变外观且便于清洁。

图 5-67   日本代代木八幡公厕实景图

厕所应设在阳光充足、通风良好、排水顺畅的地段。最好在厕所附近栽种一些带有香味的花木,如南方地区可种植白兰花、茉莉花、米兰等,北方地区可种植丁香、珍珠梅、合欢、中国槐等,来减少厕所散发的不好闻的气味。

5.5.5 功能与技术指标

园厕一般由门斗、男卫、女卫、盥洗区、管理室、工具室、设备室等部分组成,设计中应满足功能流线,设置合理,保护使用者隐私,同时尽量使空气流通,便于保持室内空气质量。如青岛阿朵小镇卫生间设计(见图 5-68),借用场地自然高差,将厕所完全隐藏,仅在低标高一侧开门。内部分了男卫、女卫、无障碍卫生间、母婴室及管理用房,且每个功能房间均设有门斗,流线清晰,功能布置合理。

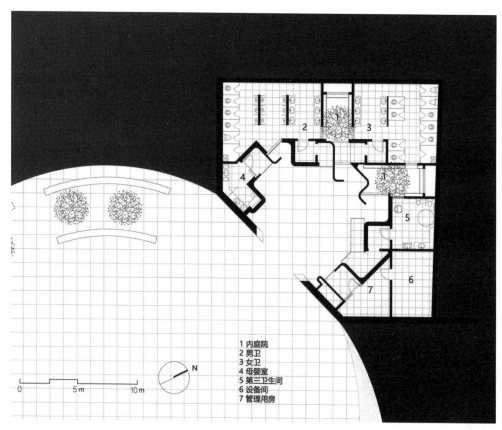

图 5-68　青岛阿朵小镇卫生间平面图

1 内庭院
2 男卫
3 女卫
4 母婴室
5 第三卫生间
6 设备间
7 管理用房

园厕的定额根据公园规模的大小和游人量而定。建筑面积一般为每公顷 6～8 m²；游人较多的公园可提高到每公顷 15～25 m²。每处厕所的用地面积在 30～40 m²，男女蹲位 3～6 个，男厕内还需配小便器。设计中的位置、个数等具体要求需满足《民用建筑设计通则》《城市公共厕所设计标准》《无障碍设计规范》等相关规范条例。

如：公共厕所女厕位（坐位、蹲位）的数量应符合规定，见表 5-1；公共厕所男厕位（坐位、蹲位和站位）的数量应符合规定，见表 5-2。洗手盆应按厕位数设置，洗手盆数量设置应符合规定，见表 5-3。平面布置中，单间厕位空间不应小于 900 mm×1100 mm，并排双位的洗手台长度不应小于 1200 mm 等，见图 5-69。

表 5-1　女厕坐位与蹲位数量规定

女厕位总数	坐位	蹲位
1	0	1
2	1	1
3～6	1	2～5
7～10	2	5～8
11～20	3	8～17
21～30	4	17～26

表 5-2　男厕坐位与蹲位、站位数量规定

男厕位总数	坐位	蹲位	站位
1	0	1	0
2	0	1	1
3	1	1	1
4	1	1	2
5～10	1	2～4	2～5
11～20	2	4～9	5～9
21～30	3	9～13	9～14

表 5-3　洗手盆数量设置规定

厕位数 / 个	洗手盆数 / 个	备注
4 以下	1	1. 男女厕所宜分别计算，分别设置； 2. 当女厕所洗手盆数 $n \geqslant 5$ 时，实际设置数 N 应按下式计算：$N=0.8n$
5～8	2	
9～21	每增 4 个厕位增设 1 个	
22 以上	每增 5 个厕位增设 1 个	

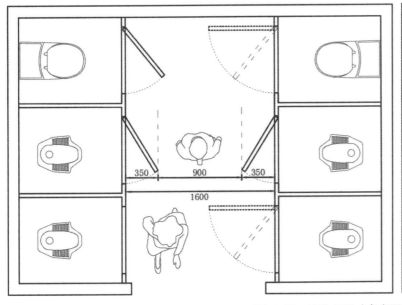
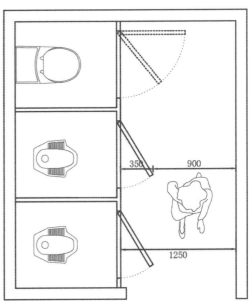

图 5-69　卫生间尺寸参考图

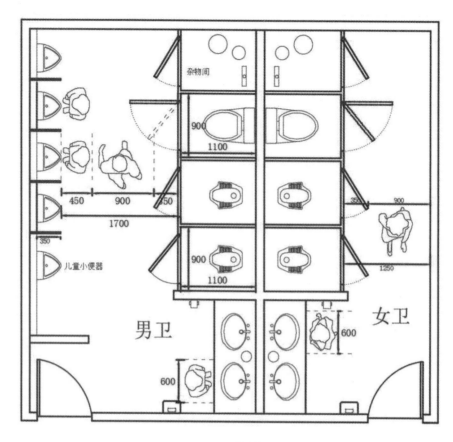

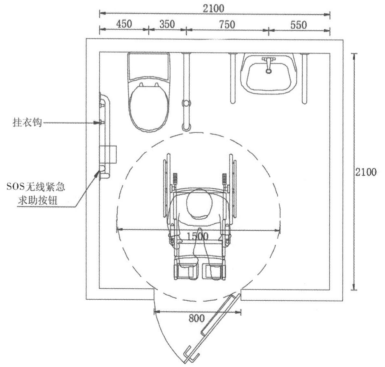

续图 5-69

[1] 彭一刚 . 建筑空间组合论 [M]. 3 版 . 北京 : 中国建筑工业出版社 , 2008.

[2] 田学哲 , 郭逊 . 建筑初步 [M]. 3 版 . 北京 : 中国建筑工业出版社 , 2010.

[3] 李慧峰 . 园林建筑设计 [M]. 北京 : 化学工业出版社 , 2011.

[4] 曾艳 . 风景园林艺术原理 [M]. 天津 : 天津大学出版社 , 2015.

[5] 张丹 , 姜虹 . 风景园林建筑结构与构造 [M]. 2 版 . 北京 : 化学工业出版社 , 2016.

[6] 钟喜林 , 谢芳 . 园林建筑 [M]. 北京 : 中国电力出版社 , 2009.

[7] 李莉 , 周禧琳 . 中外园林史 [M]. 武汉 : 武汉理工大学出版社 , 2015.

[8] 朱建宁 . 西方园林史——19 世纪之前 [M]. 2 版 . 北京 : 中国林业出版社 , 2013.

[9] 陈志华 . 外国建筑史 (19 世纪末叶以前)[M]. 4 版 . 北京 : 中国建筑工业出版社 , 2009.

[10] 刘福智 , 佟裕哲 , 等 . 风景园林建筑设计指导 [M]. 北京 : 机械工业出版社 , 2007.